铸精品 促发展

——内蒙古电力公司“十三五”配电网优质工程

内蒙古电力（集团）有限责任公司 组编

梁景坤 陶凯 袁海 主编

中国电力出版社
CHINA ELECTRIC POWER PRESS

图书在版编目（CIP）数据

铸精品 促发展：内蒙古电力公司“十三五”配电网优质工程 / 梁景坤，陶凯，袁海主编；内蒙古电力（集团）有限责任公司组编．—北京：中国电力出版社，2022.5

ISBN 978-7-5198-6506-1

Ⅰ．①铸… Ⅱ．①梁… ②陶… ③袁… ④内… Ⅲ．①配电系统－电力工程－概况－内蒙古 Ⅳ．①TM727

中国版本图书馆 CIP 数据核字（2022）第 047584 号

出版发行：中国电力出版社

地　　址：北京市东城区北京站西街 19 号（邮政编码 100005）

网　　址：http://www.cepp.sgcc.com.cn

责任编辑：马首鳌（010-63412396）

责任校对：黄　蓓　郝军燕

装帧设计：王红柳

责任印制：杨晓东

印　　刷：三河市航远印刷有限公司

版　　次：2022 年 5 月第一版

印　　次：2022 年 5 月北京第一次印刷

开　　本：787 毫米 ×1092 毫米　16 开本

印　　张：17.25

字　　数：302 千字

定　　价：68.00 元

编 委 会

审 定 人 员：（按姓氏拼音排序）

郭厚静　霍树杰　继　雅　康智瑞

刘广军　田　斌　王　磊　温志毅

武永强　席向东　闫续锋　杨　海

郁小强　张　耀　张洪波　张振程

赵长青　郑　璐

前言

“十三五”期间，内蒙古电力（集团）有限责任公司坚持以习近平新时代中国特色社会主义思想为指导，认真贯彻国家发展改革委、能源局《关于加快配电网建设改造的指导意见》（发改能源〔2015〕1899号）和《配电网建设改造行动计划（2015—2020年）》（国能电力〔2015〕290号）文件精神，在“生态优先、绿色发展”理念引领下，始终自觉服从服务于自治区工作大局，持续加强配电网投资建设力度，用真心真情诠释“人民电业为人民”的国企担当，以苦干实干践行“经济发展，电力先行”的光荣使命，积极履行经济责任、政治责任和社会责任，迎难而上，接续奋斗，焕发出了服务自治区经济社会发展的新动能。

五年来，内蒙古电力（集团）有限责任公司累计完成配电网建设投资270.4亿元，共新建10千伏及以下线路72711.3千米，安装变压器35643台，新增容量430万千伏安，安装配网自动化终端设备4259台，安装环网箱2399台，安装柱上断路器5803台。完成16.35万户“三供一业”配套设施移交改造，391万户居民实现电能计量装置升级，2358个中心村26万农牧民完成电网升级改造，148个贫困嘎查村通动力电，7220户新能源用户接入网电；解决19456眼机井通电，234余万亩农田受益；解决183个易地扶贫搬迁新建安置点、30万平方米住房通电；698个贫困村的573个村级光伏扶贫电站、13个集中式光伏扶贫电站接入电网，21万余贫困人口受益；10个旗县60个嘎查的抵边村寨完成农网升级改造；26个边防部队实现通电。2019年，自治区第133户贫困户通上网电，标志着“清零达标”电力专项工程建设任务圆满收官。内蒙古电力（集团）有限责任公司充分发挥电网企业优势，努力为自治区全面建成小康社会、实现经济社会高质量发展贡献蒙电力量。

在配电网改造建设过程中，内蒙古电力（集团）有限责任公司积极推广配电网工程建设“三通一标”（通用设计、通用设备、通用造价和标准工艺），编制并出版《内蒙古电力（集团）有限责任公司10kV及以下配电网工程标准工艺》，制定《内蒙古电力公司配电网工程典型设计》《内蒙古电力公司配电网工程典型造价》，发布《内蒙古电力公司10千伏配电网工程标准物料应用目录》，大力推广工厂化预制、成套化配送、装配化施工、机械化作业，取得了良好的效果。为进一步深入推广配电网工程标准化建设成果，发扬精益求精的"工匠精神"，实现建设工艺"一模一样"的工作目标，内蒙古电力（集团）有限责任公司本着优中选优、宁缺毋滥的原则，持续开展配电网优质工程评选工作，共评选出93项工程，作为配电网建设的示范和标杆。

为充分发挥配电网优质工程的示范引领作用，内蒙古电力（集团）有限责任公司配电网建设办公室编写了《铸精品　促发展——内蒙古电力公司"十三五"配电网优质工程》一书，本书共收录了56项优秀获奖工程，图文并茂地呈现其项目概况、管理情况及亮点、质量及工艺展示。本书将会对配电网工程建设改造提供丰富的管理经验和有力的实践支撑，能帮助各级供电企业配电网工程建设和管理人员不断提升工程建设管理水平，促进配电网工程建设持续向好发展。

限于作者水平，书中如有错误或不足之处，望广大读者提出宝贵意见。

内蒙古电力（集团）有限责任公司

配电网建设办公室

2021年7月

目录

2020

第二部分　配电线路

2017

2018

2019

第三部分　配电站房

第四部分　老旧计量

2019

2020

第一部分

配电变台

按照“密布点、短半径，先布点、后增容”的建设原则，开展网格化配电变台空间布局，达到投资管控精准、目标效益统一、区域规划合理的目标。建立以业主管理体系为主导、监理管理体系为纽带、施工管理体系为基础的“三位一体”管理体系，压实安全管理责任。推行作业现场安全管控卡、质量管控卡的“双卡”管控模式，编制《安全管理应知应会手册》，研发“作业现场安全警戒控制系统”，提升施工现场安全、质量管控效果，建设安全优质的标准化配电变台工程。

2017

一、鄂尔多斯电业局伊金霍洛供电分局毛盖图二社园区公变工程

▶ 工程类别：配电变台、农网

（一）项目概况

1. 规模及造价

新建 10kV 架空线路 0.34km，采用 JKLYJ-10/120 绝缘导线；新建 S13-100kVA 配电变压器 1 台；新建 0.4kV 架空线路 3.12km，采用 JKLYJ-1/70 绝缘导线；安装单相智能费控表 39 块，三相智能费控表 14 块。决算投资 67.18 万元。

全景图

2. 建设工期

开工日期：2017 年 9 月 20 日。

竣工日期：2017 年 10 月 20 日。

施工周期：30 天。

3. 参建和责任单位

建设单位：鄂尔多斯电业局伊金霍洛供电分局。

参建人员：李宏、张玉东、李煜峰、张继林、贾瑞福、屈彩虹、何平、张魁。

设计单位：鄂尔多斯市和泰电力勘测设计有限责任公司。

施工单位：陕西恒益电力建设工程有限公司。

（二）管理情况及亮点

通过“精细化”管理对工程进行全方位管控。一是深化“三位一体”工程安全管理体系，即以业主管理体系为主导、监理管理体系为纽带、施工管理体系为基础的“三位一体”工程安全管理体系；二是跟踪管控工程进度，按照工程里程碑计划的要求，倒排工期制定三级进度计划表，监督施工单位按计划完成每阶段进度；三是加强施工质量管理，严格执行配电网工程典型设计和标准工艺，在工程建设过程中加强管理人员现场检查，对不符合工艺质量要求的限期整改并复验；四是提升优质服务质量，将管理落到实处，工程建设全过程信息公开，多样化宣传，网格化对点到人服务，不断提升服务质量；五是加强工程属地化管理，配网工程全面执行属地化管理制度，由工程属地班站所全面管理工程设计、施工建设、安全管控、质量把关、竣工验收等工作。

（三）质量、工艺展示

卡盘安装工艺规范

熔断器上引线安装规范，固定牢固

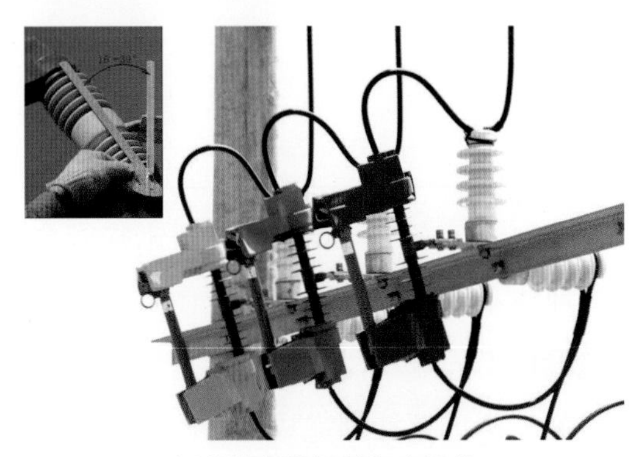

侧装熔断器倾斜角度规范

避雷器安装工艺规范

验电接地环与熔断器上桩头的安全距离满足要求

接地引上线工艺规范

接地扁钢焊接及防腐处理规范

防撞警示标志安装工艺规范

二、呼和浩特供电局清水河供电分局老牛湾镇单台子配电台区工程

▶ 工程类别：配电变台、农网

（一）项目概况

1. 规模及造价

新建 10kV 架空线路 23.4km，采用 JL/G1A-95/20 裸导线；新建配电变压器 73 台，总容量 4550kVA。决算投资 784.61 万元。

全景图

2. 建设工期

开工日期：2017 年 8 月 10 日。

竣工日期：2017 年 11 月 10 日。

施工周期：92 天。

3. 参建和责任单位

建设单位：呼和浩特供电局清水河供电分局。

参建人员：郭东东、李育平、胡成占、杜昊、陈俊伟、张倩、郭永平、王磊。

设计单位：内蒙古鲁电蒙源电力工程有限公司。

施工单位：河北凯鑫电力安装工程有限公司。

（二）管理情况及亮点

（1）组织管理。建立以机井通电工程项目部为主导，监理、施工单位为辅的三级管控机制，针对施工过程中的设计、施工问题第一时间进行解决，保障工程顺利实施。

（2）过程管控。工程开工前，依据设计图纸对现场实际情况进行复勘，保障工程顺利推进。制定了领导包片责任制并建立了微信工作群，每日在群里汇报当日工程量及施工影像资料，随时随地掌握工程动态。严格执行到岗到位制度，全程现场监督指导，将质量缺陷消除在萌芽状态，按照“建成一个，复制一片”的原则进行管控。

（3）安全管控。施工人员进场施工前进行安全培训，经考试合格后方可上岗作业，安监部成立安全稽查大队对施工现场进行巡视检查，监理项目部每日派现场监理进行旁站监督，施工单位安全员与技术员对施工现场进行安全质量检查。

（4）档案管理。施工过程资料边施工边整理，竣工之后资料全部归档。

（三）质量、工艺展示

电杆排列整齐，导线弧垂一致

架空线路档距适宜

横担安装平直，设备安装高度标准

变台引线整齐美观

正装变压器横担安装规范

转角杆安装工艺标准，对称美观

三、呼和浩特供电局土默特左旗供电分局王气村机井通电工程

▶ 工程类别：配电台区、农网

（一）项目概况

1. 规模及造价

新建 10kV 架空线路 27.33km，采用 JKLYJ-10/70 绝缘导线，新建 ϕ190 × 12 × M × G 混凝土电杆 613 基；新建 S13-50kVA 配电变压器 25 台，S13-100kVA 配电变压器 69 台，低压综合配电箱 94 套。决算投资 983.87 万元。

全景图

2. 建设工期

开工日期： 2017 年 8 月 28 日。

竣工日期： 2017 年 11 月 25 日。

施工周期： 89 天。

3. 参建和责任单位

建设单位： 呼和浩特供电局土默特左旗供电分局。

参建人员： 郭东东、吕颜兵、李震宇、李永红、王燕、郭林、李超、荣朴、周浩。

设计单位： 内蒙古鲁电蒙源电力工程有限公司。

施工单位： 内蒙古鑫光电力工程有限公司。

（二）管理情况及亮点

（1）建立专业组织管理体系，采用矩阵式项目组织管理办法，把职能原则和对象原则结合起来，兼有部门控制式和工作队式两种优点，既能发挥职能部门的纵向优势，又能发挥项目组织的横向优势。业主项目部以创建优质工程为管理目标，以“分项管控、层层把关”为基本原则，严格要求常抓不懈。

（2）本项工程的项目管理涉及项目实施的全过程，在整个项目实施阶段内做好动态控制工作，保证安全目标、质量目标、进度目标、造价目标、成本目标的实现；严格管控施工现场，实行安全文明施工，严格履行工程承包合同，做好记录、协调、检查、分析工作。

（3）设立项目风险管控制度。每周进行安全质量检查，找出影响工程安全质量的因素，对存在的危险点及质量通病防治问题进行讨论分析，制定解决措施。

（三）质量、工艺展示

线路挡距标准

低压综合配电箱出线孔封堵严密

跌落式熔断器安装标准，相序分明

变台安装平稳，标识齐全

卡盘安装规范美观

导线绑扎牢固美观

变台安装工艺标准

四、鄂尔多斯电业局杭锦供电分局 925 大井滩线配变及低压线路改造工程

▶ 工程类别：配电变台、农网

（一）项目概况

1. 规模及造价

改造 0.4kV 架空线路 1.05km，采用 JL/G1A-70 裸导线，新建 ϕ190×10×I×G 混凝土电杆 28 基，S13-100kVA 配电变压器 1 台。决算投资 23.5 万元。

全景图

2. 建设工期

开工日期： 2017 年 10 月 8 日。

竣工日期： 2017 年 10 月 15 日。

施工周期： 8 天。

3. 参建和责任单位

建设单位：鄂尔多斯电业局杭锦供电分局。

参建人员：赵飞、白文选、项智平、周浩、刘玄、黄志刚、张振程、何平、杨帅。

设计单位：顺成电力勘察有限公司。

施工单位：鄂尔多斯市仲远电力安装有限公司。

（二）管理情况及亮点

（1）安全施工管控。开工前积极召开工地会议，组织全体施工人员进行安全培训，提高参建人员的安全意识。全面加强安全工器具和施工机械的管理，严禁未经检验合格的安全工器具进入施工现场。严格落实现场“四必查、五必问”的要求。

（2）工程质量管理。严格执行公司配电网工程典型设计、标准工艺。在施工小组间开展工艺质量评比竞赛活动，对优秀小组给予奖励，大大提升了施工人员的积极性，整体提升配网工程建设质量。

（3）工程进度管理。编制合理的工期计划，按照时间节点对工程进度进行检查、督导，提前做好工程协调工作，加强图纸审核，确保工程建设顺利推进。

（三）质量、工艺展示

变压器低压引线排列整齐，相序分明

低压综合配电箱出线孔封堵严密

横担、绝缘子安装工艺标准

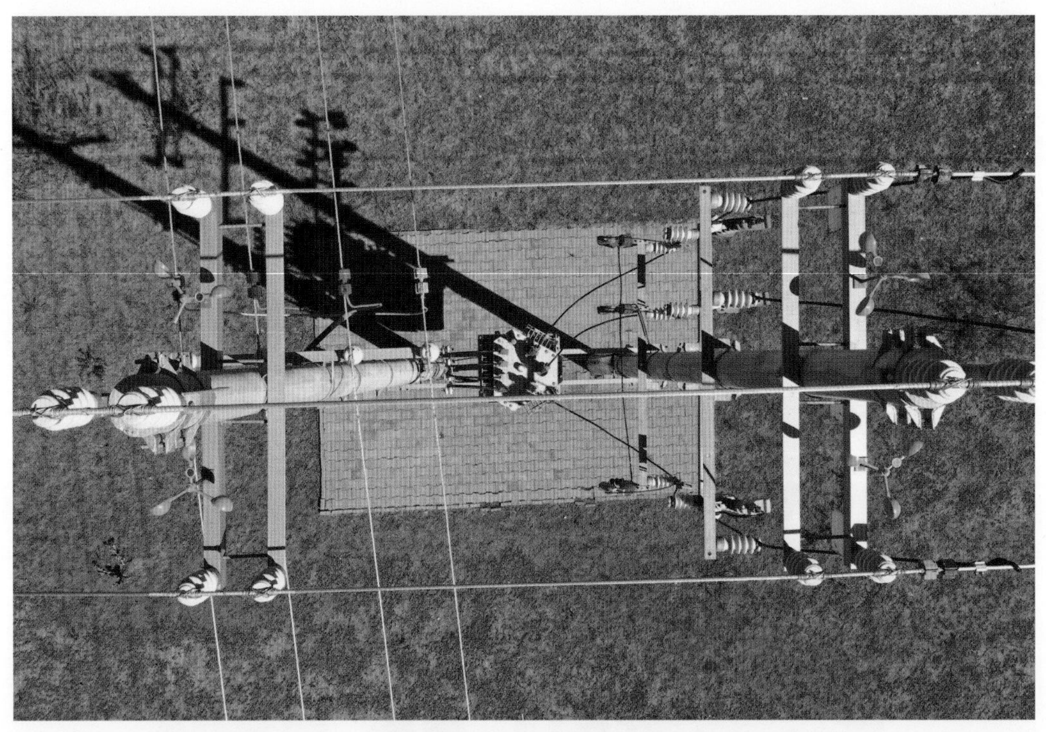

变台整体安装工艺标准美观

电缆抱箍间距标准

下户线安装工艺标准

电杆组立工艺标准

五、巴彦淖尔电业局五原供电分局 955 复兴线庆生四社配电台区改造工程

▶ 工程类别：配电变台、农网

（一）项目概况

1. 规模及造价

新建 10kV 架空线路 0.21km，采用 JKLYJ-10/70 绝缘导线；改造 S13-200kVA 配电变压器 1 台；新建 0.4kV 架空线路 1.79km，采用 JKLYJ-1/70 绝缘导线；改造户表 75 户。决算投资 27.37 万元。

全景图

2. 建设工期

开工日期：2017 年 8 月 18 日。

竣工日期：2017 年 9 月 1 日。

施工周期：14 天。

3. 参建和责任单位

建设单位：巴彦淖尔电业局五原供电分局。

参建人员：叶海龙、康海平、王跃、闫飞、王敬斌、付廷凯、田敏杰。

设计单位：巴彦淖尔市科兴电力勘测设计有限责任公司。

施工单位：巴彦淖尔市康立电力安装有限责任公司。

（二）管理情况及亮点

（1）组织管理。成立以局长为组长、分管领导为副组长的专项领导小组，为项目实施提供组织保障。按照“样板先行、典型引路”的思路，组织工程质量竞赛活动，成立考评领导小组、制订考评内容及奖励办法，全面应用标准工艺，提升配电网工程整体质量。

（2）质量管控。对到货的材料由配电网建设办公室牵头组织生产部门、现场监理、施工单位、运行单位进行开箱检验，对材料、设备的质量进行严格的验收，决不允许有规格型号不符或有质量缺陷的材料、设备入场，避免了可能存在的材料质量引发的安全隐患。积极响应集团公司“三通一标”标准化建设要求，大力推广新工艺、新标准，严格执行典型设计，统一工程建设标准和工艺。

（3）安全管控。抽调经验丰富的职工组成督查小组，以“四不两直”的方式对所有施工队进行安全督查和指导。并以督查周报、月度通报的方式对各施工队的违章行为进行通报考核，及时纠正各类违章行为，防范各类事故的发生。

（三）质量、工艺展示

变台整体工艺美观

低压电缆上杆接线工艺规范

杆号牌及电缆抱箍安装标准

电缆抱箍加装绝缘衬垫工艺标准

T 接杆跳线及接地挂环安装标准

配电变台安装规范，工艺标准

引线弧度一致，自然美观

2018

六、呼和浩特供电局清水河供电分局 2018年机井通电工程

▶ 工程类别：配电变台、农网

（一）项目概况

1. 规模及造价

新建10kV架空线路20.39km，新建ϕ190×12×M×G混凝土电杆418基；新建配电变压器64台。决算投资388.32万元。

全景图

2. 建设工期

开工日期：2018 年 7 月 15 日。

竣工日期：2018 年 11 月 7 日。

施工周期：115 天。

3. 参建和责任单位

建设单位：呼和浩特供电局清水河供电分局。

参建人员：郭东东、李育平、王磊、王耐博、郭永平、张倩、胡成占、杜昊、陈俊伟。

设计单位：内蒙古鲁电蒙源电力工程有限公司。

施工单位：合肥盛大电力安装工程有限责任公司。

（二）管理情况及亮点

（1）开工前依据设计图纸对现场实际情况进行复勘，优化施工组织方案，提高施工效率，减少停电时间。

（2）采取领导包片负责制，主要领导巡回检查，分管领导蹲点管理，并建立了微信工作群，定期公布工程进度及施工影像资料。

（3）强化安全管理，夯实安全基础，持续提升工程建设领域安全管理水平。坚持工程安全、质量和进度有机统一，充分发挥监理作用，加强施工队伍管理，强化现场安全监督。

（4）统一标准工艺质量，线路、设备均按照标准要求进行选型，严把工程设计关、施工关和验收关。在工程实施过程中，注重过程管控，紧盯施工细节，保证工程每一环节高质量实施，提升配电网工程建设水平。

（三）质量、工艺展示

直线杆横担固定牢固，安装标准

镀锌钢板固定牢固

双并沟线夹工艺标准

拉线防护设施安装标准

铜接线端子与接地扁钢连接可靠

特殊土质接地体采用差异化设计

配电变台低压出线工艺标准

七、鄂尔多斯电业局鄂托克供电分局 2018 年偏远农牧区用电升级百眼村新建 10kV 线路及配变工程

▶ 工程类别：配电台区、农网

（一）项目概况

1. 规模及造价

新建 10kV 架空线路 2.56km，采用 JL/G1A-95/15 裸导线，新建 $\phi190\times12\times M\times G$ 混凝土电杆 52 基；新建 S13-50kVA 配电变压器 2 台。决算投资 47.38 万元。

全景图

2. 建设工期

开工日期：2018 年 9 月 2 日。

竣工日期：2018 年 9 月 17 日。

施工周期：16 天。

3. 参建和责任单位

建设单位：鄂尔多斯电业局鄂托克供电分局。

参建人员：银瑞斌、赵树权、张富林、赵拴、李瑞峰、陈鑫、史小梅、石浩玮、李明。

设计单位：鄂托克旗帅丰电力勘察设计有限责任公司。

施工单位：和效电建鄂托克分公司。

（二）管理情况及亮点

（1）制定和完善了项目资金、物资和技术规范等日常管理制度，形成项目申报、组织、实施、验收、评价的全过程管理机制。严格执行基本建设流程，强化验收程序，确保实现项目质量、进度和投资目标。

（2）编制《配电网工程规章制度汇编》，梳理了近几年与配电网建设有关的各类法律法规和规章制度，指导配电网工程规范管理。

（3）在电杆、变台、接地装置上张贴二维码，内容包含线路、变台、接地装置的材料用量和施工工艺等关键信息，方便运维检修。

（4）成立配电网工程核量验收小组，工程验收与施工建设同步进行，竣工一处，验收一处，发现缺陷同步整改，既能保证施工质量又能管控工程进度，为工程结算审计数据准确奠定坚实基础。

（三）质量、工艺展示

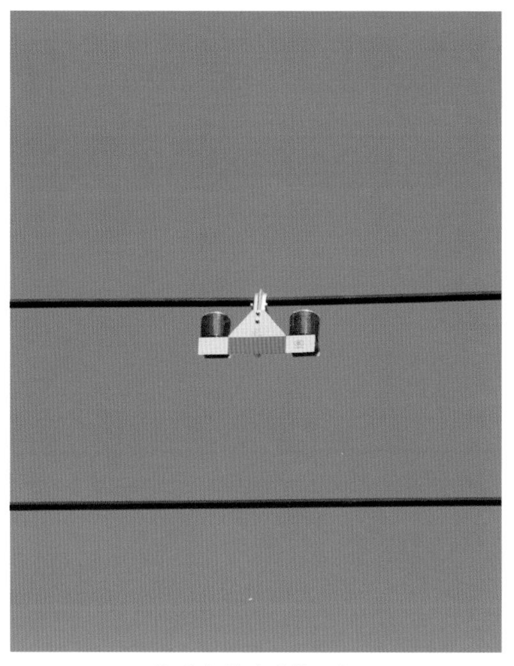

线路安装跨路警示灯

直线双横担安装工艺规范

变台接地加装标识牌

加装工程信息二维码

耐张杆拉线安装工艺标准

电杆埋深标准，3 米线标注清晰

接地体焊接防腐工艺规范

八、巴彦淖尔电业局五原供电分局 952 荣丰线永星四社配电台区改造工程

▶ 工程类别：配电变台、农网

（一）项目概况

1. 规模及造价

新建 10kV 架空线路 1.58km，改造 0.4kV 架空线路 2.42km，新建 $\phi 190 \times 15 \times M \times G$ 混凝土电杆 3 基、$\phi 190 \times 12 \times M \times G$ 混凝土电杆 30 基、$\phi 190 \times 10 \times I \times G$ 混凝土电杆 55 基，新建 S13-100kVA 配电变压器 1 台；改造户表 61 户。决算投资 60.67 万元。

全景图

2. 建设工期

开工日期： 2018 年 6 月 1 日。

竣工日期： 2018 年 7 月 6 日。

施工周期： 36 天。

3. 参建和责任单位

建设单位： 巴彦淖尔电业局五原供电分局。

参建人员： 康海平、叶海龙、杨有滨、闫飞、王敬斌、付廷凯、田敏杰、闫卓嵘。

设计单位： 巴彦淖尔市科兴电力勘测设计有限责任公司。

施工单位： 巴彦淖尔市康立电力安装有限责任公司。

（二）管理情况及亮点

（1）为加强工程安全质量管控，业主项目部安全质量督查人员对施工现场进行全程督查，协调解决工程中遇到的问题。严格按计划推进，在顺利完成各项工程的同时，同步完成工程竣工验收与核量结算工作，提高了工作效率。

（2）每个单项工程开工前要求施工项目部制定合理可行的“三措”和“施工方案”，并进行桌面推演。

（3）刚性执行典型设计和标准工艺，在严抓整体工程质量的同时注重工程细节，严抓隐蔽工程的工艺质量，隐蔽工程影像资料齐全、完整、真实。

（4）制定“两图一册”资料管理办法，所有完工的工程，工程资料均按照制定的管理办法和流程归档，保证工程竣工报告完整、隐蔽工程记录准确，“两图一册”与现场一致，确保工程资料的准确性和真实性。

（三）质量、工艺展示

变台安全围栏及警示牌安装标准

低压综合配电箱出线孔封堵严密

跌落式熔断器安装标准

转角杆安装工艺规范

变台双杆根开数值标准

低压 T 接杆安装标准美观

变压器低压出线工艺标准

九、乌兰察布电业局察右前旗供电分局花村配电台区改造工程

▶ 工程类别：配电变台、农网

（一）项目概况

1. 规模及造价

新建 10kV 架空线路 1.94km、10kV 电缆线路 0.1km，改造 0.4kV 架空线路 6.96km，新建 $\phi190 \times 12 \times M \times G$ 混凝土电杆 143 基、$\phi190 \times 15 \times M \times G$ 混凝土电杆 48 基。决算投资 58 万元。

全景图

2. 建设工期

开工日期：2018 年 8 月 10 日。

竣工日期：2018 年 9 月 18 日。

施工周期：39 天。

3. 参建和责任单位

建设单位：乌兰察布电业局察右前旗供电分局。

参建人员：张锦轲、郭亚轩、吕向东、林枝犀、于晓敏、王东海、董行、武建、乔磊、张俊臣。

设计单位：天津天源国电电力技术有限责任公司。

施工单位：内蒙古乌兰察布电力工程有限责任公司。

（二）管理情况及亮点

（1）严抓施工现场安全问题，特殊施工区域制定专项施工方案。不定期对施工单位“三措一案”、工作票及施工现场资料进行检查、指导和完善，若发现资料与现场实际不符等现象，进行严格考核。对于不符合施工现场作业环境的施工方案不予审批通过。

（2）成立配电网工程建设安全检查小组，排查事故隐患，采取有效措施，保证安全施工；做好安全警示教育工作，加强现场作业人员安全意识，坚决杜绝“三违”现象；严格执行“两票三制”及安全生产规程等规章制度，确保安全生产全过程可控在控。

（3）加强工程质量管理，高效组织开工培训，聘请专家对全体施工人员进行典型设计和标准工艺培训，确保典型设计和标准工艺落地执行。

（三）质量、工艺展示

变台跌落熔断器及接地挂环安装标准

变台接地工艺规范

变台导线整齐，各横担间距标准

电缆保护管口封堵严密

变台电杆防撞桶标识醒目

缆头安装工艺美观

十、薛家湾供电局准格尔供电分局 912 暖水线马梁沟新增配电变台工程

▶ 工程类别：配电变台、农网

（一）项目概况

1. 规模及造价

新建 10kV 架空线路 2.96km，采用 JL/G1A-120/20 裸导线，新建 ϕ190 × 12 × M × G 混凝土电杆 42 基；新建 S13-50kVA 配电变压器 1 台。决算投资 61.3 万元。

全景图

2. 建设工期

开工日期： 2018 年 8 月 21 日。

竣工日期： 2018 年 9 月 11 日。

施工周期： 20 天。

3. 参建和责任单位

建设单位： 薛家湾供电局准格尔供电分局。

参建人员： 张洪波、梁永福、高伟、王佳、张占胜、任勇、侯鹏飞、宋超、马继强。

设计单位： 准格尔旗浩普电力勘测设计有限责任公司。

施工单位： 内蒙古元瑞电建有限责任公司。

（二）管理情况及亮点

（1）调配整合资源，建立全覆盖式日常检查机制。面对施工地点较远、施工队伍分散、施工环境复杂的多重压力，业主项目部积极协调，抽调现场经验丰富的员工组成专职安全督查组，开展施工现场检查工作。同时，与现场监理建立联合检查制度，扩大了安全督查覆盖点，达到了施工现场每日检查全覆盖的工作目标。

（2）推广标准工艺，提升工程质量。为切实提高工艺质量水平，提前制定工程质量管控计划，以人员培训为基础，通过打造“首样工程”、现场指导工艺、下发标准工艺口袋书等三种方式，确保标准工艺在工程建设中全面推广，实现了工程质量水平的大幅度提升。

（3）应用配网管理 App，提高工程管理效率。在日常资料审核、工程进度汇总、施工地点定位等工作中，充分应用配网管理 App，做到日常资料线上审核、工程进度线上可查、施工地点导航即达，实现资料审核少跑路、进度汇报少重复、施工检查少影响的工作目标，极大提高了工程管理效率。

（三）质量、工艺展示

配电变台安装规范，工艺美观

跌落式避雷器间距标准

变台操作台工艺标准美观

转角杆拉线安装标准，工艺美观

变台横担间距标准

变压器双杆支持架安装标准

低压综合配电箱接地线工艺规范

2019

十一、包头供电局九原供电分局 912 兰桂线陈家圪堵村新增配变及低压线路工程

▶ 工程类别：配电变台、农网

（一）项目概况

1. 规模及造价

新建 10kV 架空线路 0.43km，10kV 电缆线路 0.29km，0.4kV 架空线路 1.1km；新建 S13-200kVA 配电变压器 1 台。决算投资 26.5 万元。

全景图

2. 建设工期

开工日期： 2019 年 8 月 20 日。

竣工日期： 2019 年 9 月 6 日。

施工周期： 17 天。

3. 参建和责任单位

建设单位： 包头供电局九原供电分局。

参建人员： 郝智勇、张瑜、王利民、马维杰、孙南春、刘元、孟宏德、刘润明、乌云巴图、郑权。

设计单位： 包头奥拓电力设计有限责任公司。

施工单位： 包头满都拉电业有限责任公司。

（二）管理情况及亮点

（1）建立工程“三级管理”机制，突出一个“盯”字，实行领导“包片包所制”，重点地段“专人盯守”。供电所人员“定点定位”与施工队“同进同出”，共同进行现场复勘，“双签发”审核工作票，严格落实每日安全技术交底，参加施工队班前班后会，全天候监督现场。

（2）为保证质量控制措施的全面落实，制定了《外委施工单位现场资料清单》，便于施工单位每日照单准备，提升工作效率。

（3）制作全新的施工准入证，证件涵盖施工人员体检信息、保险信息、持证情况、安规考试成绩、从业经历、紧急联系人及允许工作范围，实现“一证概全、一目了然”。

（4）为了提升供电可靠性与供电服务，提高优质服务水平，降低投诉风险，该项工程采取了带电作业方式，有效缓解了配网工程计划停电与用户不间断供电需求之间的矛盾。

（三）质量、工艺展示

柱上变台接地引线标识醒目

防沉台制作标准美观

导线弧垂一致，工艺美观

避雷器安装标准

综合配电箱进出线电缆工艺标准美观

高低压同杆架设工艺标准

低压线路工艺标准美观

十二、鄂尔多斯电业局杭锦旗供电分局 913 阿鲁柴登线新建配变及低压线路工程

▶ 工程类别：配电变台、农网

（一）项目概况

1. 规模及造价

新建 0.4kV 架空线路 0.31km，新建 ϕ190×12×M×G 混凝土电杆 6 基；新建 S13-100kVA 配电变压器 1 台；安装三相户表 2 块。决算投资 11.5 万元。

全景图

2. 建设工期

开工日期： 2019 年 11 月 3 日。

竣工日期： 2019 年 11 月 13 日。

施工周期： 10 天。

3. 参建和责任单位

建设单位： 鄂尔多斯电业局杭锦供电分局。

参建人员： 高强、白文选、李云生、郭猛、王小鸿、任俊武、张振程、何平、万飞、刘建忠。

设计单位： 杭锦旗顺成电力勘察设计有限责任公司。

施工单位： 鄂尔多斯市和效电力建设工程有限责任公司。

（二）管理情况及亮点

（1）制定“一卡、一单、一记录”制度，签订三级责任状压实安全责任，设备主人参与工程建设全过程管理。

（2）建立安全督查组，细化督查模式。采取“四不两直”的检查方式，对施工现场违章行为和现场管控人员到位情况进行突击检查，严肃考核违章行为。

（3）上传施工现场过程影像资料。要求施工队每日上传班前、班后会照片、施工作业票照片、工作票照片，分享现场位置到微信群内，方便管理人员及时全面掌握施工现场状态。

（4）坚持班前、班后会制度。工作前交代工作任务、安全措施、注意事项，做到现场作业任务清楚、危险点清楚、作业程序清楚、预防措施清楚，人员到位、措施到位、执行到位、监督到位，工作结束后清查工作人员、材料工具、作业现场，杜绝安全措施不具体、监护不到位、现场管理混乱等现象。

（三）质量、工艺展示

变台工艺标准美观

防沉台制作标准美观

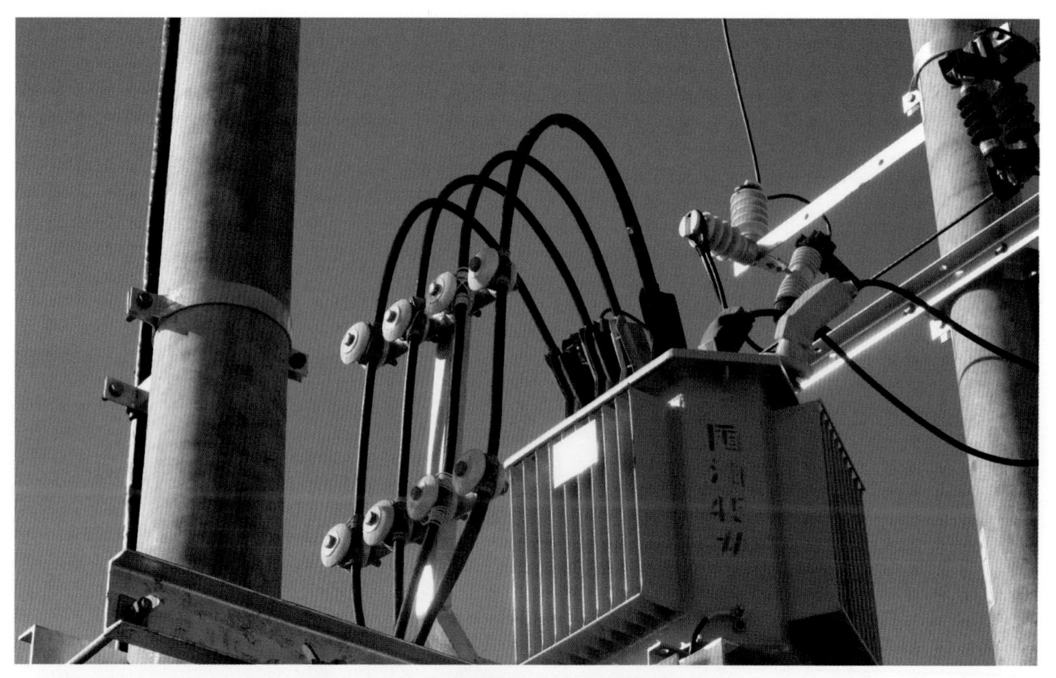

低压出线用彩色绑线标注相序

线路相序明确美观

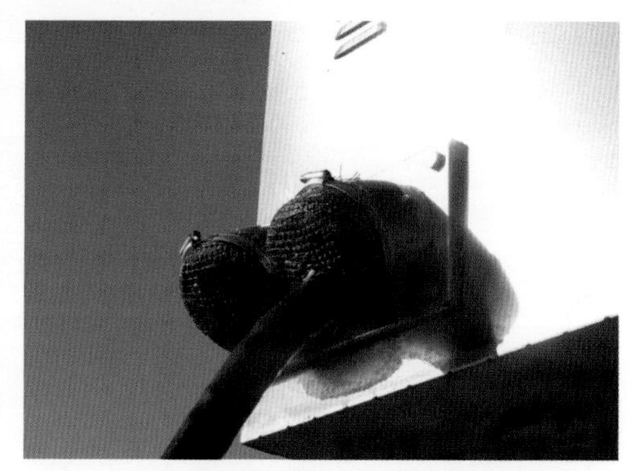

低压综合配电箱出线口封堵严密

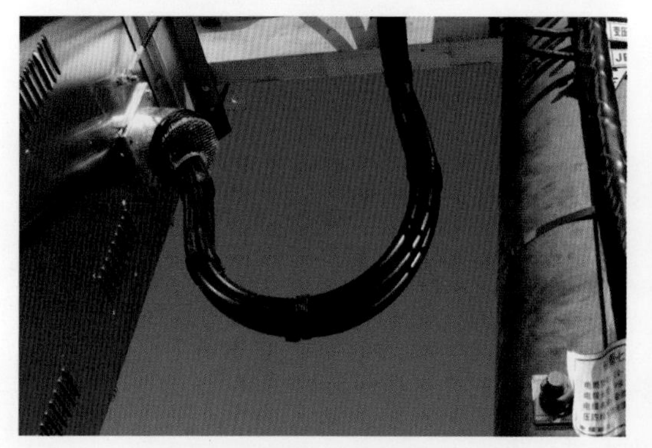

低压综合配电箱进线滴水弯标准

接地扁钢规格准确，连接规范

十三、巴彦淖尔电业局农垦供电分局 951 乌兰线旭光新村配变及高低压线路改造工程

▶ 工程类别：配电变台、农网

（一）项目概况

1. 规模及造价

新建 10kV 架空线路 0.16km，新建 0.4kV 架空线路 1.28km；新建 S13-100kVA 配电变压器 1 台。决算投资 30.02 万元。

全景图

2. 建设工期

开工日期： 2019 年 6 月 12 日。

竣工日期： 2019 年 6 月 26 日。

施工周期： 14 天。

3. 参建和责任单位

建设单位： 巴彦淖尔电业局农垦供电分局。

参建人员： 曹宁、屈鹏、赵国梁、乔鑫、杨亭、董普阳、夏铭笙、魏敏捷、陶令、张兆翔。

设计单位： 杭州鸿晟电力设计咨询有限公司。

施工单位： 巴彦淖尔市康立电力安装有限责任公司。

（二）管理情况及亮点

（1）加强工程建设管理，精心策划创优工作方案。分局召开动员大会、推进会，用心选择优质工程地址，挑选认真强干的施工队伍，将典型设计、标准工艺倾注入工程建设每处细节之中。

（2）按照标准工艺及典型设计进行施工。运用 RTK 等设备对线路进行准确复测，做到按图施工；由专门的现场管理人员在现场进行监督及指导，确保工程符合标准工艺及典型设计要求。

（3）刚性执行物资五方验收制度，严把设备、材料验收关，确保所有入场设备材料合格无缺陷，及时催货，保障物资供应。

（4）对施工人员进行安全教育培训和实操考试，严格审查施工人员资质，执行二维码准入制度。

（5）适时开展工程建设现场调研、督导和检查，掌握工程现场实际情况，协调解决存在问题，加快工程建设进度，确保建设任务按时、保质完成。

（三）质量、工艺展示

电杆根部采取防腐处理

防撞桶安装标准

低压转角杆跳线及相序牌安装标准

低压出线相序明确，工艺标准

导线出线口封堵严密

拉线保护管安装标准

变压器引线安装标准

十四、巴彦淖尔电业局乌拉特前旗供电分局 913 白先线付家新村变改造工程

▶ 工程类别：配电变台、农网

（一）项目概况

1. 规模及造价

新建 10kV 架空线路 0.54km，0.4kV 架空线路 0.85km；新建 S13-100kVA 配电变压器 1 台；改造户表 50 户。决算投资 35.82 万元。

全景图

2. 建设工期

开工日期：2019 年 11 月 3 日。

竣工日期：2019 年 11 月 12 日。

施工周期：9 天。

3. 参建和责任单位

建设单位：巴彦淖尔电业局乌拉特前旗供电分局。

参建人员：杨源、华涛、杨有滨、张永伟、许利军、尹希民。

设计单位：巴彦淖尔市科兴电力勘测设计有限责任公司。

施工单位：辽宁金麒麟建设工程股份有限公司。

（二）管理情况及亮点

（1）严格推行“三化”管理理念。“三化”即细化标准、深化培训、强化考核，让配电网标准化建设思想、标准、要求入脑入心，与日常评价考核紧密挂钩，养成“一步到位”的观念。

（2）加强工程建设标准及原则的宣贯培训。重点抓好四类人员（管理人员、规划设计人员、施工人员、监理人员）、四项内容（配电网典型设计、配电网标准工艺、配电网建设管理要求、验收评价细则）的培训，采取培训与考试相结合、理论培训与现场观摩相结合的方式进行。

（3）改进施工方法，提升工程质量。选用高性能的双组分 AB 型电缆防爆密封胶泥，对出线电缆孔进行封堵，封堵严密、坚固。城区线路施工采取工程会战、带电作业等措施，确保城区供电“两率”指标完成。

（三）质量、工艺展示

变台横担间距标准

户表箱及进出线安装横平竖直

低压综合配电箱出孔封堵严密

直线杆横担及下户线工艺标准

电缆接户引线安装标准、美观

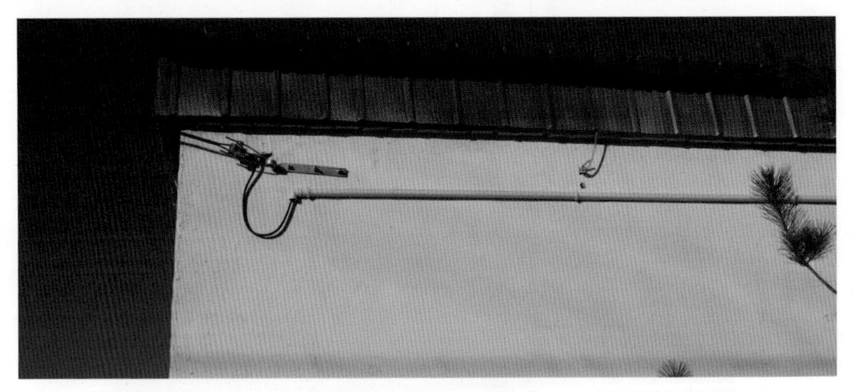

下户线支撑点工艺标准

低压线路工艺标准美观

2020

十五、鄂尔多斯电业局鄂托克前旗供电分局922洪山塘线郑德忠变配变台区改造工程

▶ 工程类别：配电变台、农网

（一）项目概况

1. 规模及造价

新建10kV架空线路0.56km，采用JL/GIA-95裸导线，新建$\phi190\times12\times M\times G$混凝土电杆15基；新建0.4kV架空线路0.8km，采用JL/GIA-50/8裸导线，新建$\phi190\times10\times I\times G$混凝土电杆15基；新建S13-50kVA配电变压器1台。决算投资22.14万元。

全景图

2. 建设工期

开工日期： 2020 年 11 月 16 日。

竣工日期： 2020 年 11 月 20 日。

施工周期： 5 天。

3. 参建和责任单位

建设单位： 鄂尔多斯电业局鄂托克前旗供电分局。

参建人员： 何平、杨兴宇、恩克、张振程、崔凯、刘建忠、汪丰阳、万飞、石浩伟、余悦。

设计单位： 陕西丰源电力勘测设计有限公司。

施工单位： 鄂尔多斯市和效电力建设工程有限责任公司。

（二）管理情况及亮点

（1）配网工程的安全重在现场管理，针对配网工程点多、面广、量大的特点，创新了供电所、监理、督查组“三位一体”的管理模式，特别强化供电所的属地管理职责，确保全天候有建设单位人员参与和监督。

（2）深入推广全员参与的理念。一是所有职工，不论任何人都可以对现场的安全和质量提出意见和建议。二是成立以局长和书记为组长的领导协调小组，下设 8 个职能小组，分别为安全质量督查组、勘察设计组、验收组、材料供应组、工程监理组、结算审计组、协调清障组和片区责任组，统筹协调管控工程建设。

（3）采取“健全制度、全员参与、五级监管、属地管理”的管理模式，充分利用供电所属地管理的便利对小型施工作业现场进行全过程安全和质量管控。

（三）质量、工艺展示

横担、绝缘子安装标准

跌落式熔断器、避雷器安装标准

线路耐张杆拉线安装标准

线路相序分明

防撞台和防撞桶安装规范

高低压同杆架空线路工艺标准

低压转角杆工艺标准美观

十六、巴彦淖尔电业局乌拉特中旗供电分局德日素嘎查配电台区改造工程

▶ 工程类别：配电变台、农网

（一）项目概况

1. 规模及造价

新建 10kV 架空线路 0.6km，新建 ϕ190 × 12 × M × G 混凝土电杆 10 基；新建 0.4kV 架空线路 1.56km，新建 ϕ190 × 10 × I × G 混凝土电杆 28 基；新建 S13-50kVA 配电变压器 1 台；安装单相户表 2 块。决算投资 78.75 万元。

全景图

2. 建设工期

开工日期：2020 年 5 月 6 日。

竣工日期：2020 年 5 月 27 日。

施工周期：21 天。

3. 参建和责任单位

建设单位：巴彦淖尔电业局乌拉特中旗供电分局。

参建人员：韩雄、樊瑞林、王全良、周波、丁旭冉、李耀、唐毅、魏建民、连杰、任安邦。

设计单位：巴彦淖尔市科兴电力勘测设计有限责任公司。

施工单位：巴彦淖尔市康立电力安装有限责任公司。

（二）管理情况及亮点

（1）印发《四级安全管控办法》，落实各级人员安全责任，加强各类施工生产安全监督管理，强化现场安全管控，保障各类人员在施工建设中的安全与健康，确保各项工程安全顺利完成。

（2）采用“现场管控 + 互联网”技术，对现场入场人员进行身份识别管控。入场前由业主项目部、监理项目部、施工项目部三方审核后生成二维码现场准入证。强化施工人员准入管理、施工权限管理，杜绝未经许可的人员临时入场作业及施工人员跨权限作业。

（3）为保证现场施工安全、工艺及质量，充分利用收工后的有效时间进行培训学习，采用安全教育培训 + 事故警示教育 + 工艺质量培训三大课程相结合的方式，不断提升施工人员的安全意识、施工工艺及质量水平。

（4）推广“质量进度跟踪册”报送模式，跟踪进度及质量。印发质量进度跟踪册，由甲方代表于每日收工后填写、签字确认并拍照上传，便于监管人员及时了解现场动态，调整工程管控方式，保证施工进度及质量。

（三）质量、工艺展示

变台接地工艺标准

变台围栏及警示牌安装标准美观

低压线路整体工艺标准美观

跌落式熔断器安装标准美观

变台出线相序标识齐全，引线美观

杆号牌字迹清晰，绑扎工艺标准

拉线尾端加装防散帽防止散股

十七、巴彦淖尔电业局农垦供电分局东兴小康村配电台区改造工程

▶ 工程类别：配电变台、农网

（一）项目概况

1. 规模及造价

改造10kV架空线路0.12km，采用JKLYJ-70绝缘导线；改造0.4kV架空线路1.02km，采用JKLYJ-70绝缘导线；改造S13-100kVA配电变压器1台；改造照明用户33户。决算投资33.72万元。

全景图

2. 建设工期

开工日期：2020 年 10 月 9 日。

竣工日期：2020 年 10 月 29 日。

施工周期：20 天。

3. 参建和责任单位

建设单位：巴彦淖尔电业局农垦供电分局。

参建人员：高健、张俊杰、乔鑫、杨亭、董普阳、夏铭笙、陶令、张兆翔、巩旭、段俊芳。

设计单位：巴彦淖尔市科兴电力勘测设计有限责任公司。

施工单位：信邦建设集团有限公司。

（二）管理情况及亮点

（1）按照公司“建成一个，复制一片”的总体思想，要求所有施工单位首先建成样板工程，开展现场观摩培训，以达到样板领路的示范作用。

（2）在开工前召开优质工程建设协调会，结合工程所在地理位置及用电负荷情况，按照典型设计合理规划工程建设方案，制定建设目标。严格执行物资五方验收制度，严把设备、材料验收关，确保所有入场设备材料合格无缺陷，并及时催货保障物资供应。对施工人员进行安全教育培训和实操考试，严格审查施工人员资质，执行二维码准入制度。建立领导分片负责制、配网工程周例会、日报制度；安排专人负责跟踪工程进度；采取工期预警、进驻现场协调等措施，保障工程按期完工。规范开展工程质量监督工作，严格按照“三通一标、典型设计”施工。

（三）质量、工艺展示

跌落式熔断器及接地挂环安装标准

拉线防沉台标准美观

低压终端杆安装工艺标准

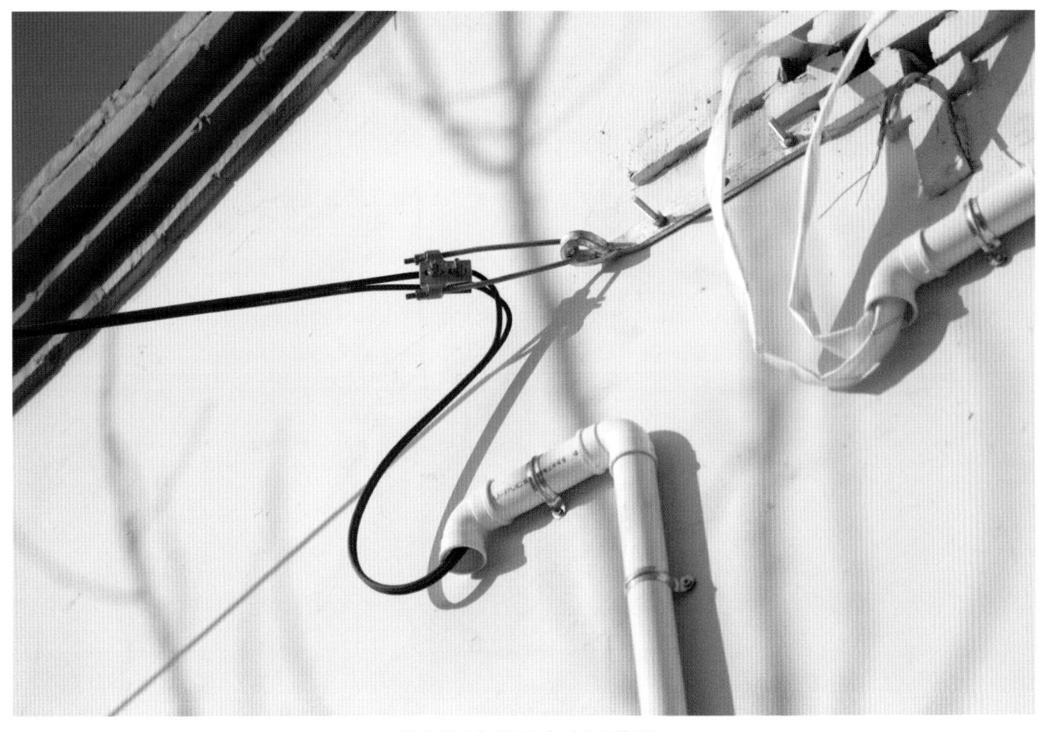

低压下户线固定牢固美观

外挂式电表箱及进出线整齐美观

计量箱进出线穿管防护，工艺美观

配电变台安装规范，工艺美观

十八、锡林郭勒电业局东乌珠穆沁供电分局东乌珠穆沁旗第二批边防部队某分队通电工程

▶ 工程类别：配电变台、农网

（一）项目概况

1. 规模及造价

新建 10kV 架空线路 14.91km，0.4kV 电缆线路 0.14km，新建柱上断路器 1 台；新建 S13-100kVA 配电变压器 1 台。决算投资 153.22 万元。

全景图

2. 建设工期

开工日期：2020 年 5 月 30 日。

竣工日期：2020 年 6 月 15 日。

施工周期：15 天。

3. 参建和责任单位

建设单位：锡林郭勒电业局东乌珠穆沁旗供电分局。

参建人员：尹卿、吴伟权、马军、袁鸣飞、王爱斌、陈华、呼日勒。

设计单位：锡林郭勒电力勘察设计有限责任公司。

施工单位：锡林郭勒电力建设有限责任公司。

（二）管理情况及亮点

（1）制作安全生产管理看板及标准化安全作业示范现场定置图。严格执行配电网工程一日安全作业流程，利用班前会对“安全生产管理看板”进行详细讲解，使施工人员全面了解作业内容、范围、安全措施、危险点分析及控制措施等注意事项，真正做到“写我所干、干我所写”，保障工程安全平稳建设。利用“标准化安全作业示范现场定置图”，进行材料、工器具及其他物品分类摆放，避免现场脏、乱、差的现象发生。

（2）发明新型电缆头制作平台并获得实用新型专利。将电缆头制作所使用的锯、割、热缩等工具集成到此平台，单人操作即可在短时间内完成电缆头的制作，减少作业时间，保障工艺质量，提高工作效率。

（3）发明防误登带电设备语音报警装置并获得实用新型专利。利用废旧材料及自制感应器制作，固定于杆塔上，设备外观醒目，蜂鸣感应灵敏，有效杜绝误登带电杆塔设备。

（4）根据少数民族地区特色，特制定蒙汉双语标识牌，方便农牧民读懂电力警示标语及相关文字，有效防止农牧民误入、误触带电设备，切实保障群众安全。

（三）质量、工艺展示

横担安装平直美观

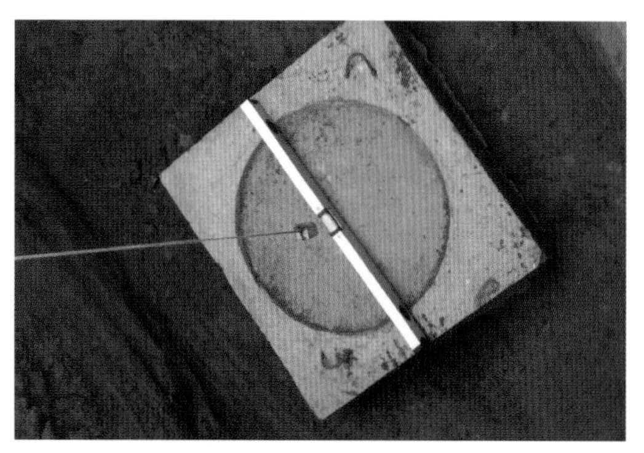

电杆底盘找平，位置准确

耐张杆安装工艺规范

拉线 UT 线夹安装防盗螺母

加装蒙汉双语标识牌

安装新型防鸟绝缘护套

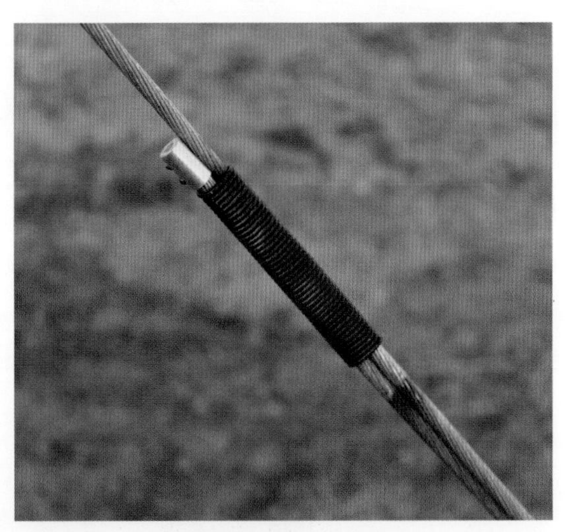

拉线绑扎及防腐工艺标准

十九、锡林郭勒电业局多伦供电分局 2020 年贫困县农网改造升级 957 黑山嘴线南林场改造工程

▶ 工程类别：配电变台、农网

（一）项目概况

1. 规模及造价

改造 10KV 架空线路 1.43km，采用 JKLYJ-10/120 绝缘导线；改造 0.4KV 架空线路 0.89km，采用 JKLYJ-1/70 绝缘导线；新建 $\phi190\times15\times M\times G$ 混凝土电杆 2 基、$\phi190\times12\times M\times G$ 混凝土电杆 21 基、$\phi190\times10\times I\times G$ 混凝土电杆 17 基；新建 S13-100kVA 配电变压器 1 台。决算投资 40.98 万元。

全景图

2. 建设工期

开工日期： 2020 年 10 月 20 日。

竣工日期： 2020 年 10 月 30 日。

施工周期： 11 天。

3. 参建和责任单位

建设单位：锡林郭勒电业局多伦供电分局。

参建人员：杨晓坤、张蒙、侯俊生、赵建国、金铁莉、季鹏。

设计单位：内蒙古华达丰电力设计院有限公司。

施工单位：内蒙古华标送变电工程有限公司。

（二）管理情况及亮点

（1）认真落实《安全风险预警管理机制》，加强对各级岗位、人员的安全风险预警管控。编制配电网工程建设安全风险预警管理方案，建立安全预防控制体系。落实到岗到位制度，加强对重点风险作业施工现场的安全指导及监督，保障施工安全。

（2）加强配电网工程全过程管理。制定了配电网建设与改造工程项目部标准化建设规范，编制了《10kV 及以下配电网工程典型作业方案》，做到了配网工程统一标准、统一要求。依靠施工计划管控系统，加强施工现场管控，做到了对施工现场定人、定点、定位管理，真正实现了施工现场安全质量可控、在控、能控。项目经理全程督导施工现场，保证安全措施、工艺质量等要求不折不扣的执行。实行“三级验收”制度，严把质量关，对不合格的工艺坚决返工整改，确保配电网工程“零缺陷”投入运行。

（三）质量、工艺展示

低压综合配电箱出线封堵严密

导线绑扎固定标准美观

变台整体安装工艺标准

拉线凸字型防沉台工艺标准

工程带电作业规范

变台出线电缆工艺美观、相序明确

UT 线夹安装防盗螺母

二十、锡林郭勒电业局太仆寺供电分局五星 35kV 变电站 951 白马群线宝日浩特台区绝缘化改造工程

▶ 工程类别：配电变台、农网

（一）项目概况

1. 规模及造价

新建 10kV 架空线路 0.12km，采用 JKLYJ-10/70 绝缘导线，改造 0.4kV 架空线路 0.95km，采用 JKLYJ-1/70 绝缘导线；改造 S13-100kVA 配电变压器 1 台。决算投资 17.32 万元。

2. 建设工期

开工日期：2020 年 11 月 10 日。

竣工日期：2020 年 11 月 30 日。

施工周期：20 天。

全景图

3. 参建和责任单位

建设单位： 锡林郭勒电业局太仆寺供电分局。

参建人员： 郝晓军、于晓辉、李晓涛、李国庆、杨涛、王耀华、郅立丽。

设计单位： 内蒙古华达丰电力设计院有限公司。

施工单位： 江苏宾城电力建设有限公司。

（二）管理情况及亮点

（1）加强施工现场安全管控。要求施工单位全员佩戴有防触电报警功能的安全帽；电杆起吊使用“摆头绳”固定，并配置一主一备钢丝吊绳。

（2）严格开展工程质量验收工作。根据施工图、典型设计、标准工艺，组织设计、施工、监理、质量监督组等多方参建人员，对项目进行全面细致验收，突出“设备主人”在验收中的作用，确保工程“零缺陷”移交投运。

（3）积极开展创新发明，提高工程建设效率。自主研制出新型单杆防鸟器装置并获专利。该装置由强磁体与绝缘材料制作而成，使用专门的工具安装，实现可带电安装。利用强磁铁吸附在横担上，遮挡住横担扁钢、抱箍与电杆之间的空隙，阻挡了鸟窝形成，为全面降低鸟害故障的发生提供有力保障。

（三）质量、工艺展示

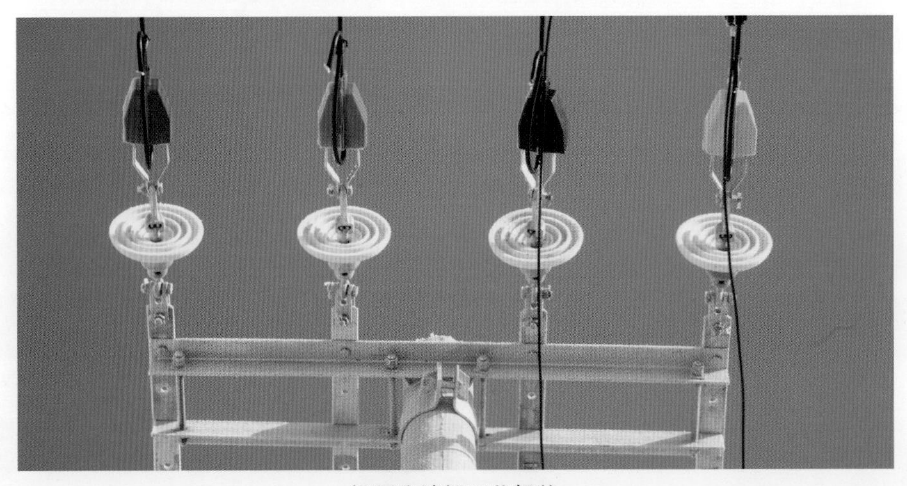

低压终端杆工艺规范

变压器低压出线绑扎标准美观

跌落式熔断器及避雷器安装标准

避雷器接地引线安装规范

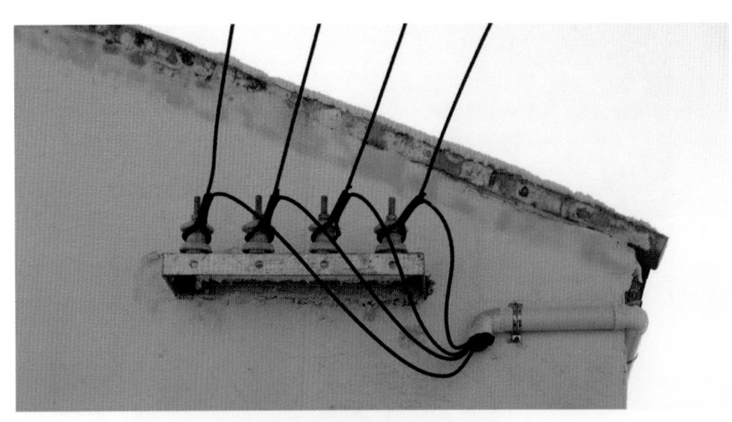

低压下户线支撑点安装牢固

入户计量进出线安装规范

低压综合配电箱出线孔封堵严密

二十一、乌兰察布电业局商都供电分局东大井移民村 10kV 及以下配电网工程

▶ 工程类别：配电变台、农网

（一）项目概况

1. 规模及造价

新建 10kV 架空线路 0.27km，采用 JKLYJ-10/150 绝缘导线，新建 ϕ190×15×M×G 混凝土电杆 7 基、ϕ190×12×M×G 混凝土电杆 36 基；新建 0.4kV 架空线路 1.53km，采用 JKLYJ-1/120 绝缘导线；新建 S13-100kVA 配电变压器 1 台，柱上断路器 1 台。决算投资 50.26 万元。

全景图

2. 建设工期

开工日期：2020 年 5 月 8 日。

竣工日期：2020 年 5 月 23 日。

施工周期：16 天。

3. 参建和责任单位

建设单位：乌兰察布电业局商都供电分局。

参建人员：冯肖、王兆瑞、郝文军、张国飞、杜巍、岳燕峰、毛宁、冯岩、王晓伟、白鑫瑜。

设计单位：北京恒华伟业科技股份有限公司。

施工单位：内蒙古鑫光电力工程有限公司。

（二）管理情况及亮点

（1）认真落实配电网工程标准化建设的要求，创新工作思路和方法，坚持“准、精、细、严、优”五字原则开展配电网工程储备项目管理，在明确部门责任分工的基础上，固化专业管理界面，优化管理流程，使每一个环节都得到有效监控，每一项工作都能落实到人，责任明确，任务清晰，考核精准到位，使该项工作持续有效开展，配电网工程储备项目科学有序，为保证配电网安全可靠运行打下坚实基础。

（2）标准化变台安装严格执行设计文件、标准工艺和验收标准，施工工艺美观、标识清晰。采用工厂预制化生产材料现场直接组装，安装快捷高效，统一施工工艺。科学布局变压器位置，将其分布在负荷中心，优化变台低压线路路径，提升供电质量。

（三）质量、工艺展示

底盘安装标准

绝缘导线单十字绑扎工艺标准

拉线棒露出地面长度标准

变台接地引线安装工艺标准

拉线绑线防腐处理规范

电缆保护管口封堵严密

拉盘安装角度规范

第二部分

配电线路

遵循统一规划、统一标准、安全可靠、坚固耐用的原则，发挥首样工程、优质工程典型示范作用，深入推广标准工艺，整体提升工程质量。创新“电杆对缝立杆”、“电杆根部防腐措施”、“拉线尾线防散帽”等新工艺、新方法，深度强化质量创优意识，建立健全常态工作机制，将打造精品工程理念融入工程建设全过程，全面提升工程质量管理水平，为集团公司高质量发展注入新动力。

2017

一、锡林郭勒电业局二连浩特供电分局2017年小城镇中心村额嘎查奔奔塔拉10kV线路工程

▶ 工程类别：10kV线路、城网

（一）项目概况

1. 规模及造价

新建10kV架空线路2.36km，采用JL/G1A-95/15裸导线，新建ϕ190×12×M×G混凝土电杆36基、ϕ190×10×I×G混凝土电杆2基。决算投资19.97万元。

全景图

2. 建设工期

开工日期： 2017 年 8 月 21 日。

竣工日期： 2017 年 8 月 28 日。

施工周期： 8 天。

3. 参建和责任单位

建设单位： 锡林郭勒电业局二连浩特供电分局。

参建人员： 武永强、孙占元、许凤霞、王和平、梁晓丽、图力古尔、张智军。

设计单位： 国电科源电力设计工程咨询有限公司。

施工单位： 锡林郭勒电力建设有限责任公司。

（二）管理情况及亮点

（1）推行配电网工程全过程质量管控。通过建设首样工程，打造优质工程，召开现场点评会等多种方式，组织各参建单位进行对标对表，举一反三找差距、补短板、提质量，确保工程“零缺陷”移交，全面提高工程建设质量。

（2）安全管理方面，严格落实“五级联动”防控体系及各项安全管理规定，成立“五级联动”工作小组，形成各级联动的闭环管理工作方式。开展主题宣讲、安全警示教育、班组安全建设等活动，深刻吸取事故教训，全面提升配电网工程建设施工安全管理水平。

（3）技术创新方面，根据现场施工经验，在引进先进施工机械设备的基础上，自制方便快捷的工器具，包括电杆防沉台模具、拉线制作操作台及电杆就位微调器，提高了工艺质量和工作效率，确保配电网工程优质高效完成。

（三）质量、工艺展示

转角杆安装工艺标准美观

电杆基础充分夯实

T 接杆及相序牌安装标准美观

横担涂色区分相序

拉线 UT 线夹螺母位置标准

V 型拉线拉紧绝缘子工艺标准

电杆防沉台制作工艺标准

二、锡林郭勒电业局苏尼特左旗供电分局 2016 年新增农网改造升级额勒苏图宝拉格额嘎查 10kV 线路工程

▶ 工程类别：10kV 线路、农网

（一）项目概况

1. 规模及造价

新建 10kV 架空线路 6.13km，采用 JL/G1A-50/8 裸导线，新建 $\phi190\times10\times I\times G$ 混凝土电杆 118 基；新建 SH-30kVA 配电变压器 3 台；新装 ZW32-12/630 柱上断路器 1 台。决算投资 47.34 万元。

全景图

2. 建设工期

开工日期：2017 年 7 月 20 日。

竣工日期：2017 年 9 月 11 日。

施工周期：52 天。

3. 参建和责任单位

建设单位：锡林郭勒电业局苏尼特左旗供电分局。

参建人员：刘建军、于泳、薛金柱、司东升、兰天宇、路洋、蔡荷洁。

设计单位：锡林郭勒电力勘察设计有限责任公司。

施工单位：锡林郭勒电力建设有限责任公司。

（二）管理情况及亮点

（1）依照“统一领导、逐级负责、横向联动、纵向监督、双向汇报”的工作原则，逐级明确责任分工，根据《配电网工程建设领导干部和管理人员安全责任到岗到位管理规定》的要求，全面落实建管人员到岗到位制度，确保施工单位现场自查及建管人员巡查工作常态化。

（2）充分利用手机微信平台功能，成立配电网建设工作交流群，由各施工现场工作负责人实时传送施工现场影像资料，建管人员进行实时监督，形成了安全监督无死角的管理模式。

（3）严格执行《工作负责人七问制》的相关要求，现场重点问查工作班成员对当日施工的工作任务是否明白、工作环境中存在的危险点是否清楚、作业前所采取的各项安全措施是否到位等，进一步强化施工现场安全管控。

（三）质量、工艺展示

电杆基坑开挖设置余土挡板

采用 RTK 进行底盘校正

耐张顶架抱箍距离杆顶高度合格

拉线坑开挖工艺标准

拉线盘安装角度标准

直线杆横担距离杆顶距离标准

耐张杆杆头安装工艺标准

三、乌海电业局海勃湾供电分局万达广场变5回10kV电缆入地工程

▶ 工程类别：10kV线路、城网

（一）项目概况

1. 规模及造价

新建10kV四回电缆线路1.76km，双回电缆线路6.89km，单回电缆线路1.78km；新建10kV四回架空线路0.84km，双回架空线路0.7km，新建钢管杆31基；新建柱上断路器4台，隔离开关8组；新建环网箱12座。决算投资2810万元。

全景图

2. 建设工期

开工日期：2017 年 3 月 7 日。

竣工日期：2017 年 11 月 30 日。

施工周期：269 天。

3. 参建和责任单位

建设单位：乌海电业局海勃湾供电分局。

参建人员：高崟峰、雷丹、葛钧、付建军、马群、韩琛旭、张智宇、董俊伟、孟令众、万柄杰。

设计单位：乌海海金电力勘测设计有限责任公司。

施工单位：河南省佳盛电力工程有限公司。

（二）管理情况及亮点

（1）精益求精建精品。以配电网示范工程为引领，以落实配电网典型设计为主线，以提高配电网工程质量为目标，深入落实配电网建设工艺“一模一样”工作要求，强化工程质量管理。

（2）在项目储备计划编制过程中提前介入，明确建设标准选用的典型设计模块和设备型号参数，全面开展配电网工程项目质量前期管理工作。严把物资提报审核关，保证工程物资符合配电网工程典型设计要求，开展工厂化预制，做到标准化物料应用率 100%。

（3）强化工艺质量全过程管理。统一工艺标准、统一施工工序、统一验收标准，达到施工工艺“一模一样”的目的。并通过示范工程建设、观摩评比等方式，多措并举不断提升工程建设质量。

（三）质量、工艺展示

钢管耐张杆安装工艺标准

环网箱基础工艺标准美观

接地体制作工艺标准

电缆井采用双层井盖，防止雨水进入

环网箱安装工艺标准美观

电缆固定牢靠，工艺标准

电缆刚性固定工艺标准规范

2018

四、巴彦淖尔电业局乌拉特前旗供电分局胜利桥110kV变电站10kV出线改造工程

▶ 工程类别：10kV 线路、农网

（一）项目概况

1. 规模及造价

新建 10kV 四回架空线路 1.62km，双回架空线路 1.83km，单回架空线路 4.24km，采用 JKLYJ-10/240 绝缘导线，新建钢管杆 50 基；新建 10kV 四回电缆线路 0.24km，采用 ZC-YJV22-8.7/15-3×300 电力电缆；新建柱上断路器 8 台。决算投资 1063.45 万元。

全景图

2. 建设工期

开工日期：2018 年 9 月 1 日。

竣工日期：2018 年 11 月 30 日。

施工周期：90 天。

3. 参建和责任单位

建设单位：巴彦淖尔电业局乌拉特前旗供电分局。

参建人员：石磊、华涛、康海平、张永伟、许利军、尹希民。

设计单位：巴彦淖尔市科兴电力勘测设计有限责任公司。

施工单位：巴彦淖尔市康立电力安装有限责任公司。

（二）管理情况及亮点

（1）大力推行典型设计和标准工艺。落实“建成一个，复制一片”的原则，精心制作了典型设计及标准工艺施工要点现场展板，对施工中的工艺重点进行集中展示学习，简明易懂，便于施工人员准确掌握工艺要点，提升整体工程质量。

（2）强化施工现场安全管理。强化施工人员安全意识，建全三级安全网络管理体系，建立施工人员特种作业证档案，严把施工队伍入场资质及施工人员持证情况审查关，重点抓好安全培训和施工队伍管控工作，筑牢安全基础，保证施工现场安全。

（3）工程设立总库管人员和项目专职保管人员，对材料管理进行统筹安排，材料及设备按工程项目分开存放。严格执行材料到货验收和进场检验制度，确保到货设备、材料质量合格，保证工程质量。

（三）质量、工艺展示

创新四回路杆号牌整齐美观

四回架空线路弧垂标准美观

基础保护帽外涂红白相间警示条

转角钢管杆工艺标准、美观

四回线路终端杆工艺标准

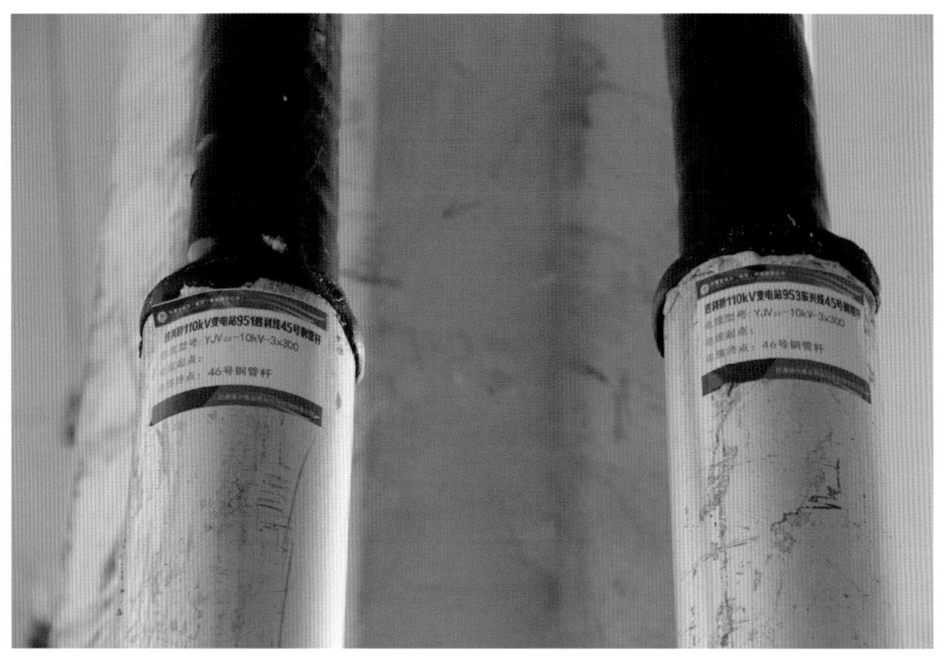

电缆封堵严密，工艺标准

双回直线杆安装规范美观

五、阿拉善电业局阿右旗供电分局 9101 中泉子 I 回和 9102 中泉子 II 回线路改造工程

▶ 工程类别：10kV 线路、农网

（一）项目概况

1. 规模及造价

新建 10kV 架空线路 14.93km，采用 JL/GIA-120/20 裸导线；新建 10kV 电缆线路 0.95km，新建光缆 8.45km，新建 $\phi190\times12\times M\times G$ 混凝土电杆 242 基、$\phi190\times15\times M\times G$ 混凝土电杆 30 基；新建柱上断路器 2 台。决算投资 327.84 万元。

全景图

2. 建设工期

开工日期：2018 年 9 月 15 日。

竣工日期：2018 年 11 月 30 日。

施工周期：76 天。

3. 参建和责任单位

建设单位：阿拉善电业局阿右旗供电分局。

参建人员：继雅、闫广东、赵志刚、胡舰峰、何海泉、赵铁梅、白生彪、朱精武、李志星、孟天杰。

设计单位：阿拉善金圳电力勘测设计有限责任公司。

施工单位：宁夏鸿利达电力建筑工程安装有限公司。

（二）管理情况及亮点

（1）精益化配电网工程管理，开展标准化项目部建设，实行业主、监理项目部“两部集中”的办公模式，提升工程管理效率。业主项目部印发施工单位、设计单位、监理单位相关人员通讯录，方便参建单位及时沟通联系。

（2）开展工程资料标准化管理。按照《科学技术档案案卷构成一般要求》（GB/T 11822—2008）、《建设工程文件归档规范》（GB/T 50328—2019）、《电网建设项目文件归档与档案整理规范》（DL/T 1363—2014）及集团公司相关标准，制定配电网工程开工、竣工及过程资料管理制度，完善资料归档流程，积极对接局相关主管部门，开展资料归档、移交等相关工作，确保工程信息可溯。

（3）建立常态协同机制，通过微信群及时汇报工作进度，上传影像资料和施工计划，提高工程管理效率，及时解决设计变更、施工阻拦等难点问题，高效推进配电网工程建设，保证工程按照里程碑计划推进。

（三）质量、工艺展示

耐张杆跳线及拉线安装标准

架空线路弧垂标准规范

线路横担及绝缘子绑扎安装工艺标准

拉线绑扎采用二次防腐处理，防腐耐用

架空线路整体工艺美观

电杆、底盘根据土质做防腐处理

安装前绝缘子清理

2019

六、锡林郭勒电业局苏尼特右旗供电分局格苏木35kV变电站956赛音希里线改造工程

▶ 工程类别：10kV线路、农网

（一）项目概况

1. 规模及造价

新建10kV架空线路3.17km，新建0.4kV架空线路0.83km；新建$\phi190\times12\times M\times G$混凝土电杆54基、$\phi190\times10\times I\times G$混凝土电杆2基；新建S13-30kVA配电变压器2台。决算投资51.38万元。

全景图

2. 建设工期

开工日期：2019 年 8 月 25 日。

竣工日期：2019 年 9 月 10 日。

施工周期：15 天。

3. 参建和责任单位

建设单位：锡林郭勒电业局苏尼特右旗供电分局。

参建人员：吉日嘎拉、额尔敦毕、力格、陈静、王玉明、张娜、腾龙、吴玉龙。

设计单位：杭州鸿晟电力设计咨询有限公司。

施工单位：锡林郭勒电力建设有限责任公司。

（二）管理情况及亮点

（1）全面开展施工单位安全能力评估。从项目部设置、设备配置、人员资质、人员能力、安全管理五个方面进行评价，严把施工准入门槛，保证配电网施工单位整体能力素质。甄选与一流配电网建设相适应的施工单位，助力配电网工程安全、优质、高效建设。

（2）开展配电网标准化建设技能竞赛活动。在施工单位安全能力评估基础上，开展施工人员技能比武工作，以“大比武、大练兵”的形式，提升施工单位安全质量意识、业务技能水平，有效促进了配电网工程建设质量水平的提高。

（3）培育优秀施工队伍。制定了包含施工安全、工程进度、工艺质量、服务质量、结算质量等多维度的施工单位全方位评价体系，依据评价结果留存优秀施工队伍名单，着力提升配电网工程建设质量。

（三）质量、工艺展示

拉线尾线回绑涂防腐涂料及加装防散帽

绝缘子绑扎工艺标准美观

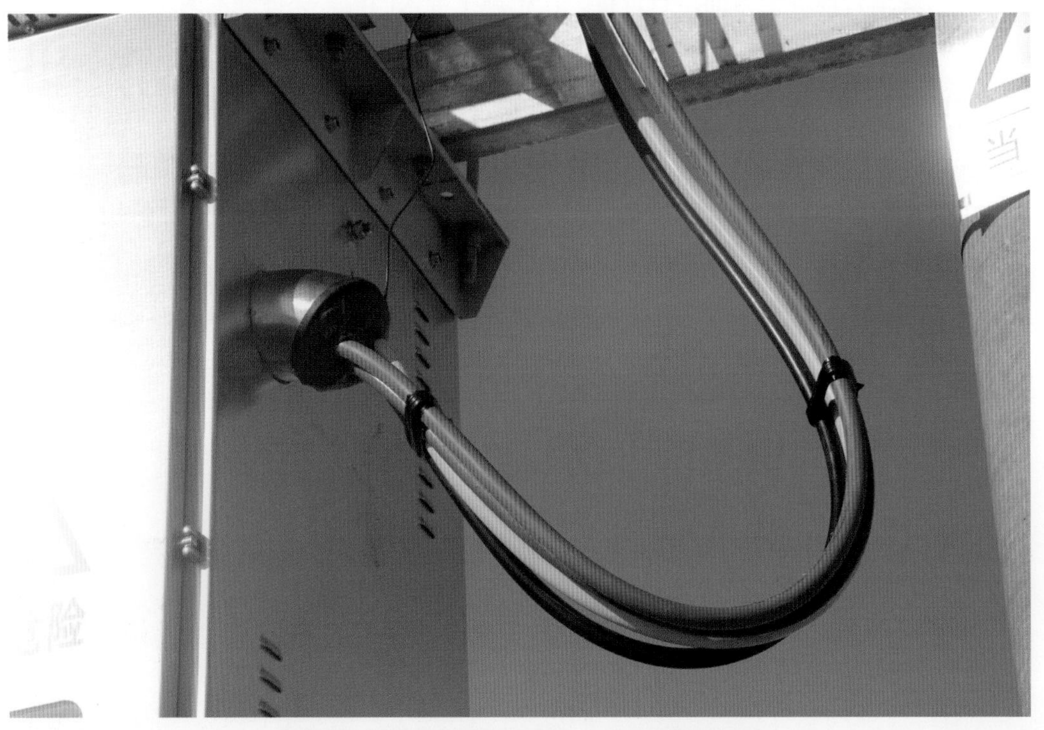

变压器出线导线颜色区分相序，滴水弯弧度标准

终端杆尾线回绑加装绝缘护套

防沉台高度标准

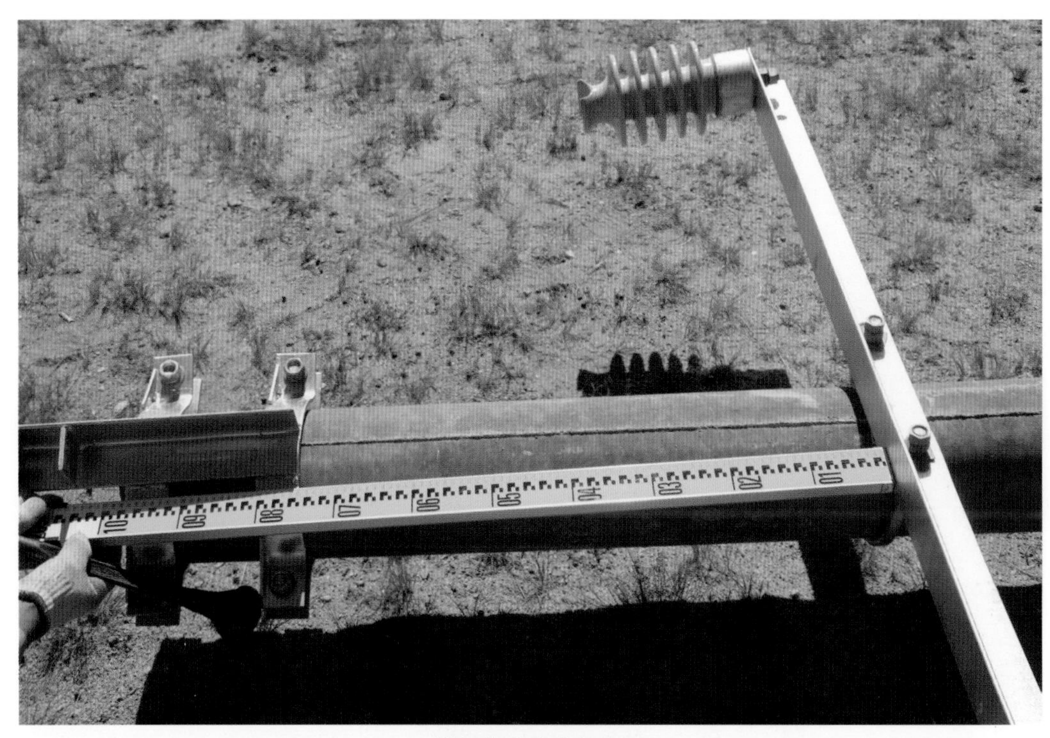

横担安装高度标准

耐张杆拉线及防风拉线安装标准

七、锡林郭勒电业局乌拉盖供电分局芒哈图110kV变电站新建1回10kV送出工程

▶ 工程类别：10kV 线路、农网

（一）项目概况

1. 规模及造价

新建10kV架空线路2.72km，新建$\phi190\times12\times M\times G$混凝土电杆51基；新建S13-30kVA配电变压器2台，新建ZW32-12/630柱上断路器1台，新建故障指示器2组。决算投资50.89万元。

全景图

2. 建设工期

开工日期：2019 年 8 月 26 日。

竣工日期：2019 年 9 月 8 日。

施工周期：14 天。

3. 参建和责任单位

建设单位：锡林郭勒电业局乌拉盖供电分局。

参建人员：许利民、鲁晓峰、翟志全、杨波、左玉萍、海尔罕、袁东。

设计单位：锡林郭勒盟电力勘察设计院有限公司。

施工单位：锡林郭勒电力建设有限责任公司。

（二）管理情况及亮点

（1）建立“党建 + 志愿服务”工程管理新模式，成立了以局长和书记为组长的党员志愿小组，安排各专业部门根据职责不同参与到各个工程管理环节中，通过全员参与的工程管理模式，提升工程质量管理水平。组织党员常态化深入现场开展志愿服务与宣讲工作，充分发挥党员先锋模范带头作用，助力配电网工程建设。

（2）充分发挥基层管理优势，继续夯实“属地管理”制度，属地班组安排人员与施工队同进同出，充分利用属地管理的便利以及班组人员的专业技能，对施工作业现场进行全过程管理。

（3）采用杆号牌上印制二维码的创新工艺，将工程建设规模、投运日期及资产归属等相关信息录入二维码信息中，方便后期运行维护。

（4）自主研发机械化臂手立杆车，克服了特殊地形对施工机械的条件限制，该机械可在特殊地形完成电杆的组立或拆除工作，提高了施工效率。

（三）质量、工艺展示

防沉台尺寸标准、成型美观

回填土分层夯实，压实密实

柱上断路器安装标准

横担相应位置刷相序颜色

水平仪校正横担

直线杆绝缘子加装绝缘护罩

拉线尾线末端安装防散帽

八、薛家湾供电局市区供电分局魏家峁 110kV 变电站 10kV 送出工程

▶ 工程类别：10kV 线路、农网

（一）项目概况

1. 规模及造价

新建 10kV 架空线路 7.38km，新建 $\phi190\times12\times M\times G$ 混凝土电杆 78 基、$\phi230\times12\times N\times G$ 混凝土电杆 41 基、$\phi190\times15\times M\times G$ 混凝土电杆 7 基；新建 10kV 电缆线路 0.14km；新装 ZW32-12/630 柱上断路器 2 台。决算投资 21.86 万元。

全景图

2. 建设工期

开工日期：2019 年 6 月 1 日。

竣工日期：2019 年 11 月 20 日。

施工周期：170 天。

3. 参建和责任单位

建设单位：薛家湾供电局市区供电分局。

参建人员：温志毅、梁永福、高伟、张政、常旭明、郝向飞、苏炳华、蔺之遥、高源、李富成。

设计单位：杭州鸿晟电力设计咨询有限公司。

施工单位：江苏宾城电力建设有限公司。

（二）管理情况及亮点

（1）严把设计深度关。督导落实设计深度要求，加强现场勘测深度，取得必要的路径协议等支持性文件。严格执行评审计划和评审要求，确保设计方案和设备选型科学合理。

（2）严把物资质量关。强化到货验收标准执行，严格履行“五方”（物资、运检、建设、施工、监理）签字手续，确保物资到货检验合格率 100%，坚决退回不合格产品。

（3）严把施工工艺关。整理优秀施工工艺，按工程类型融合工程设计、施工工序、质量管控、工程验收等重要环节的要求，组织召开现场培训会，以现场演示结合视频教学的方式，提高参建人员对工艺规范的理解程度并落地执行。

（4）严把工程验收关。单项工程完工后，在施工单位三级自检的基础上，督导监理单位认真做好初检，确保竣工工程量与工程现场、竣工图保持一致。严格按照优质工程验收标准，组织相关部门完成单体工程竣工验收投运。施工单位负责做好各级验收发现问题的整改工作，确保设备“零缺陷”“零隐患”移交生产。

（三）质量、工艺展示

电缆保护管封堵严密

转角杆跳线及拉线工艺标准

双杆断路器安装标准

加装故障指示器

线路弧垂一致美观

耐张杆及拉线安装标准

直线杆防风拉线安装标准

2020

九、包头供电局东河供电分局西北门变 914 西营线等 7 条 10kV 线路入地工程

▶ 工程类别：10kV 线路、城网

（一）项目概况

1. 规模及造价

改造 10kV 电缆线路 15.43km，改造 0.4kV 电缆线路 11.64km；新建二进四出环网箱 18 座，柱上断路器 1 台，低压电缆分支箱 37 台。决算投资 2032 万元。

全景图

2. 建设工期

开工日期：2020 年 6 月 10 日。

竣工日期：2020 年 10 月 15 日。

施工周期：127 天。

3. 参建和责任单位

建设单位：包头供电局东河供电分局。

参建人员：张翔宇、宝音孟和、庄文平、刘玉志、贾运军、李继平、曲维杰、陈文辉、李志明、郭丽珍。

设计单位：浙江昌能规划设计有限公司。

施工单位：包头满都拉电业有限责任公司。

（二）管理情况及亮点

（1）坚持标准工艺和典型设计应用。通过标准工艺及典型设计宣贯，结合“入现场、请进来、走出去”的培训模式，全面推行配电网工程标准化实施方案，在工程现场管理方面形成“上下同心、目标同向、行动同步”的良好局面。

（2）突出标杆示范引领作用。通过专业技能竞赛、示范工程建设、优质工程评选等活动，加大对岗位标兵、技术能手积分奖励力度，以赛代培、以点带面，提高作业人员的业务技能。

（3）在保证安全质量的前提下，加快工程进度，提前竣工送电，及时缓解了地区配电网供电能力不足、电能质量较差等问题。

（三）质量、工艺展示

低压配电箱进出线整齐

环网箱接地安装标准牢固

基础通风百叶窗安装标准

环网箱基础表面贴砖美观

环网箱拐角加装防撞标识

低压配电箱安装美观

十、包头供电局九原供电分局九原 220kV 变电站稀土园中园线路送出工程

▶ 工程类别：10kV 线路、农网

（一）项目概况

1. 规模及造价

新建 10kV 四回架空线路 3.55km，新建钢管杆 51 基；新建 10kV 四回电缆线路 1.19km；新建 24 芯光缆 4.747km。决算投资 1320 万元。

全景图

2. 建设工期

开工日期：2020 年 8 月 27 日。

竣工日期：2020 年 11 月 30 日。

施工周期：96 天。

3. 参建和责任单位

建设单位：包头供电局九原供电分局。

参建人员：张瑜、郝智勇、刘元、王利民、孙南春、马维杰、郑权、乌云巴图、刘润明、孟宏德。

设计单位：包头奥拓电力设计有限责任公司。

施工单位：包头满都拉电业有限责任公司。

（二）管理情况及亮点

（1）根据配电网工程责任分解管理要求，领导班子、职能班组、基层班站全员参与，形成领导干部总体抓、职能班组具体抓、基层班站一线抓的良好局面，实现作业现场全过程、全天候在控状态。

（2）推行配电网工程标准化作业指导卡，为施工单位规范作业流程、明确责任分工、罗列工艺要点，指导施工现场规范作业。

（3）基于安全、优质、高效的配电网工程管理目标，采用“外委施工派驻式”管理模式，选派经验丰富、对现场情况熟悉的运维人员，指导前期准备、用户宣传、过程管控、送电检查等工作，提升配电网工程安全质量管理水平。

（4）严格执行标准施工工艺，立足精细化设计，规范过程管控，全方位提高工艺质量。结合工程实际情况，编制创优方案，收集检查人员、监理人员对工程质量的意见、建议，及时改进施工方法和施工技巧，不断提高施工质量水平。

（三）质量、工艺展示

钢管杆连接处螺母穿向标准

导线双十字绑扎工艺标准

电缆沟施工工艺标准

钢管杆接地安装标准

线路耐张杆安装标准

耐张杆加装接地挂环

线路整体美观，与周围环境融为一体

十一、鄂尔多斯电业局达拉特旗供电分局树林召 110kV 变电站 917 盛泰线提高末端电压工程

▶ 工程类别：10kV 线路、城网

（一）项目概况

1. 规模及造价

改造 10kV 架空线路 2.19km，新建 $\phi190\times12\times M\times G$ 混凝土电杆 16 基、$\phi190\times15\times M\times G$ 混凝土电杆 31 基；新建 S13-200kVA 配电变压器 1 台，新建柱上断路器 2 台。决算投资 45.22 万元。

全景图

2. 建设工期

开工日期： 2020 年 11 月 6 日。

竣工日期： 2020 年 11 月 30 日。

施工周期： 8 天。

3. 参建和责任单位

建设单位： 鄂尔多斯电业局达拉特供电分局。

参建人员： 魏海平、田建军、赵兴、张学林、周鑫、王斌、张振程、崔凯。

设计单位： 陕西丰源电力勘测设计有限公司。

施工单位： 北京海诚瑞达电力工程有限公司。

（二）管理情况及亮点

（1）细化分工注重过程管控，提高工程精益化管理水平。建立工程“三级片长管理体系”，充分发挥各级管控人员职能，全面落实工程安全、质量、进度管理责任制。严格把控现场施工管理，采用专业垂直化管理，从工作需求出发在执行层设置工程班，设专业人员负责工程的现场管控、施工工艺、工程资料归档等工作，实现了工程的全过程精益化管理。

（2）工程管理归档资料清晰完备，项目实施的关键节点均具备追溯性，工程资料齐备，现场设备均符合典型设计，专业化管理水平较高。

（3）提升供电可靠性与供电服务质量，提高优质服务水平，降低投诉风险。工程采取了带电断、接引线等带电作业方式，有效缓解了配网工程停电与用户不间断供电需求之间的矛盾。

（三）质量、工艺展示

10kV 线路杆头绝缘化处理

分支杆绝缘防护严密

接地扁钢规格准确，连接规范

跌落式熔断器安装工艺标准

变压器引线弧度整齐美观

线路相序标识齐全美观

线路耐张杆安装工艺标准美观

十二、巴彦淖尔电业局乌拉特前旗供电分局 912 镇北线、926 农电线 10kV 线路改造工程

▶ 工程类别：10kV 线路、城网

（一）项目概况

1. 规模及造价

新建 10kV 四回架空线路 1.16km，采用 JKLYJ-10-240 绝缘导线；新建 10kV 电缆线路 4.43km，采用 ZC-YJV22-8.7/15kV-3×70、ZC-YJV22-8.7/15kV-3×150、ZC-YJV22-8.7/15kV-3×300 电力电缆；新建二进四出环网箱 7 座；新建钢管杆 24 基。决算投资 932.21 万元。

全景图

2. 建设工期

开工日期：2020 年 9 月 10 日。

竣工日期：2020 年 11 月 8 日。

施工周期：60 天。

3. 参建和责任单位

建设单位：巴彦淖尔电业局乌拉特前旗供电分局。

参建人员：杨源、华涛、张永伟、许利军、尹希民。

设计单位：巴彦淖尔市科兴电力勘测设计有限责任公司。

施工单位：巴彦淖尔市康立电力安装有限责任公司。

（二）管理情况及亮点

（1）强化甲方代表职责，提高业务技能。为加强甲方代表现场督查技能，切实把好施工现场的安全质量关，制作了“甲方代表随身包”，放置安全管控卡、质量管控卡、施工管理考核办法、甲方代表职责、图纸等相关资料，同时配备现场测量用的卷尺等工具，确保甲方代表明确工作职责，发挥现场监督作用。

（2）由于地区线路复杂，为减少停电时间，组织大规模的施工会战。按进度制定停电计划，提前多次现场核实方案，合理组织施工力量，分段分组实施，保证工程顺利完成。对于临近国道或城区道路拥挤地段，现场使用太阳能交通警察助力工程改造，提升工程建设效率。

（三）质量、工艺展示

电缆抱箍安装标准，回路标识醒目

电缆保护管管口封堵严密

钢管杆接地及安全警示标志工艺标准

钢管杆横担标识多回路色标

线路弧垂标准美观

杆号牌用颜色区分，实用美观

耐张转角钢管杆工艺标准

十三、乌海电业局矿区供电分局梁家沟110kV变电站新建双回10kV送出工程

▶ 工程类别：10kV线路、城网

（一）项目概况

1. 规模及造价

新建10kV双回架空线路5.9km，新建ϕ190×15×M×G混凝土电杆112基，钢管杆2基；新建10kV双回电缆线路0.82km；新建柱上断路器2台。决算投资305.06万元。

全景图

2. 建设工期

开工日期：2020 年 8 月 22 日。

竣工日期：2020 年 11 月 10 日。

施工周期：81 天。

3. 参建和责任单位

建设单位：乌海电业局矿区供电分局。

参建人员：韩超博、乙兴隆、张健华、陈战、雷丹、乔鸿健、张嘉恒、刘晓明、胡宇、陈晓彤。

设计单位：乌海海金电力勘测设计有限责任公司。

施工单位：海金送变电工程有限责任公司。

（二）管理情况及亮点

（1）各级工程管理人员全程到岗到位，全过程管控工艺质量，重点管控隐蔽工程及设备安装调试等工序，保证施工质量优良。

（2）在工程设计阶段，积极协调规划、园林、市政、铁路等部门，取得相关协议，减少工程施工阻力。在施工入场前，组织参建人员审查设计图纸，复勘施工现场，制定科学的工程管理制度，编制合理的工程进度计划。在施工阶段，每周召开工程推进会，组织监理、施工、设计单位总结经验、部署工作，协调解决施工过程中遇到的问题，强调施工过程中需要注意的细节，为工程顺利实施全力护航。

（3）开展施工单位承载能力分析，强化考核评价，落实违章曝光和约谈机制。严格执行建管人员与施工人员“同进同出”管理模式，组建安监大队开展常态化安全检查工作，杜绝违章作业。

（三）质量、工艺展示

断路器安装工艺标准

横担安装平直美观

引线工艺美观，绝缘防护严密

电杆底盘安放位置标准

线路弧垂标准

钢管杆基础浇筑前对螺栓进行保护

拉线制作工艺标准

第三部分

配电站房

以配电站房示范工程为引领，执行典型设计、应用标准工艺，保证工程质量；推行“片长制”“三部两代”管理体系，理顺管理流程；加强关键工序、隐蔽工程等重点环节质量监管，消除质量通病；建立“设备调试专用基地”，应用“四化工作法”（工厂化预制、成套化配送、装配化施工、机械化作业），提升建设效率；多措并举提质增效，不断提升配电站房工程工艺质量。

2019

一、包头供电局高新供电分局 912 滨河线与 916 麻池线联络工程

▶ 工程类别：配电站房、城网

（一）项目概况

1. 规模及造价

新建 10kV 电缆线路 2.03km，10kV 架空线路 0.08km；新建二进四出环网箱 2 座；新装 DTU 终端 2 台，24 芯 ADSS 光缆 4.8km。决算投资 391 万元。

全景图

2. 建设工期

开工日期：2019 年 9 月 15 日。

竣工日期：2019 年 10 月 24 日。

施工周期：39 天。

3. 参建和责任单位

建设单位：包头供电局高新供电分局。

参建人员：伊拉乐塔、白龙、郭文忠、王刚、宋秀琴、王春元、银璞、石晓南、胡胥锋、游晓科。

设计单位：包头奥拓电力设计有限责任公司。

施工单位：京辉建设工程有限公司。

（二）管理情况及亮点

（1）本次联络工程按照实现“三遥”功能进行配电自动化系统配置。环网柜内配备“三遥”配电自动化 DTU 终端，采用光纤专网通信方式，实现了配电自动化安全可靠运行，提高运维效率。

（2）业主项目部细化施工管理办法，明确各级人员职责分工，确定工作流程，包组包片负责，确保安全措施落实到位，夯实安全基础，筑牢安全底线。

（3）施工现场使用手机收集箱，要求作业人员班前会期间统一将手机放至箱内，作业期间采用对讲机通讯，消除作业人员因接打电话造成注意力分散或思想波动，避免可能引发的安全事故。

（4）秉承“一张图、一张网”概念，重视目标网架引领，统一市政规划与电网规划，确保工程有效落地。通过该工程实施，4 条单电源线路形成两两联络，实现联络率、N-1 通过率稳步提升，不断提升供电可靠性，提升客户用电满意度和电力获得感。

（三）质量、工艺展示

电缆通道上铺设防外力警示带

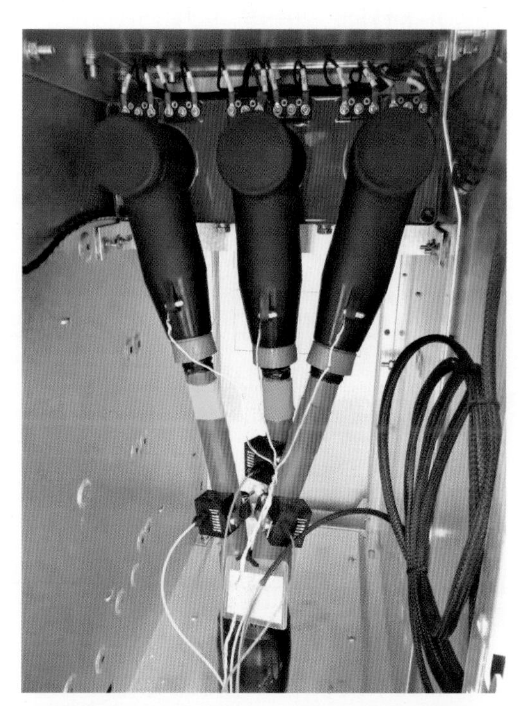

电缆头三相过渡自然、测控装置安装规范

电缆上方铺设标识桩

环网箱内标志标识齐全

电杆接地及电缆金属护套接地标准

钢筋绑扎牢固，工艺标准

电缆保护盖板安装标准

二、乌海电业局海南供电分局海南东站 9212 线与海南地区站 9103 线联络工程

▶ 工程类别：配电站房、城网

（一）项目概况

1. 规模及造价

新建 10kV 电缆线路 1.19km；新建二进四出环网箱 2 座，二进二出环网箱 1 座；新装三遥 DTU 终端 1 套，ONU 设备 1 套，分光器 2 台，OLT 光模块 1 块，24 芯 ADSS 光缆 1.5km。决算投资 165.31 万元。

全景图

2. 建设工期

开工日期：2019 年 5 月 16 日。

竣工日期：2019 年 10 月 19 日。

施工周期：153 天。

3. 参建和责任单位

建设单位：乌海电业局海南供电分局。

参建人员：董洁、乙兴隆、张拥军、陈战、张智宇、周立新、王军锋、段亚强、张艳强、李丹卿。

设计单位：乌海海金电力勘测设计有限责任公司。

施工单位：内蒙古华毅达电力设备有限公司。

（二）管理情况及亮点

（1）安全培训求实效。在培训中加入紧急救护内容，邀请相关专家介绍“职业病的防治”，讲解“心肺复苏法”，运用模具开展急救模拟演练，提升施工人员安全技能。

（2）环网柜采用预制基础，减少停电时间，缩短施工周期。基础严格按照清水混凝土工艺施工，表面平整光滑、棱角分明、颜色一致，无蜂窝麻面和气泡，基础露出地面部分阳角采用圆弧倒角，工艺标准美观，提升工程质量。

（3）新增设备均附带二维码，包含制造企业和设备信息，实现工程资料电子化存储，解决纸质档案信息查找不便、容易丢失的问题。

（4）多措并举减少停电时间。工程实施中，提前完成地面作业，将涉及的海南东站同杆四回线路均用与之联络的线路进行负荷转带，同时配置应急电源，全程对外停电不超过 3 小时。既做到安全施工，又提高供电可靠性，得到广大电力用户的高度认可。

（三）质量、工艺展示

环网箱接地安装标准

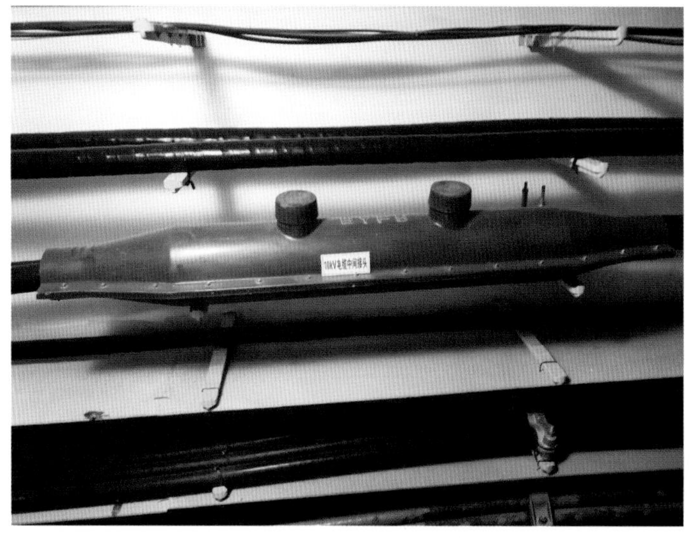

电缆中间头制作工艺标准

电缆支架及电缆安放牢固美观

硬化地面加装电缆标识

电缆井口加装警示标志

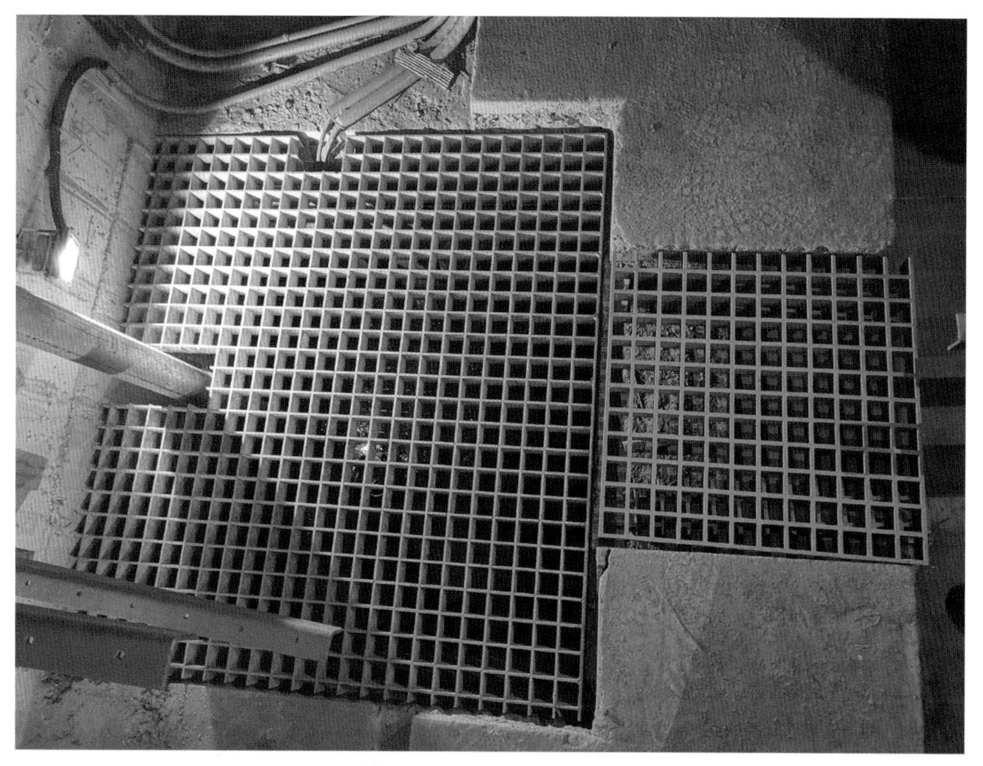

电缆井集水坑工艺规范美观

电缆沟制作工艺规范

三、阿拉善电业局额济纳供电分局 9204 达镇 I 回线与 9101 城南线联络工程

▶ 工程类别：配电站房、农网

（一）项目概况

1. 规模及造价

新建 S13-400kVA 箱式变压器 3 座。决算投资 72.31 万元。

全景图

2. 建设工期

开工日期：2019 年 6 月 30 日。

竣工日期：2019 年 9 月 30 日。

施工周期：90 天。

3. 参建和责任单位

建设单位：阿拉善电业局额济纳供电分局。

参建人员：闫广东、解开峰、杨学林、何海泉、王宗海、马戈靖、袁静、王东、王树军、陈大伟。

设计单位：阿拉善金圳电力勘察设计有限责任公司。

施工单位：阿拉善金圳电力安装有限责任公司。

（二）管理情况及亮点

（1）严把施工人员入场关，通过官方网站查询施工人员各类资质的真实性、准确性，杜绝无证、假证、人证不符的人员入场作业，提高工程安全管控水平。

（2）开展分层次、多形式的教育培训。对施工人员开展典型设计及标准工艺培训、开工前的安全警示教育培训、工程建设过程中的专项培训，不断强化公司“三拒绝、四不伤害”“一日流程七步骤”“十不准”的落地执行。

（3）箱式变压器外壳的喷绘具有时代和地方特色，塑造供电企业良好形象；基础采用清水混凝土倒角工艺，大方美观；检查井高出地面，有效防止雨水倒灌；接地使用两道不锈钢螺丝和基础预埋件连接，接触面积满足工艺要求，保证设备可靠接地。

（三）质量、工艺展示

箱内接线及安装

环网箱接地安装标准

清水混凝土倒角工艺标准

检查井制作工艺标准

外壳喷绘具有时代和地方特色

箱变增设信息化二维码

箱变护栏安装标准美观

2020

四、包头供电局昆区供电分局和平 110kV 变电站 927 阿民线阿尔丁开闭站改造工程

▶ 工程类别：配电站房、城网

（一）项目概况

1. 规模及造价

更换 10kV 高压柜 14 面，采用金属铠装移开式开关柜，新增二次屏 3 面；更换 0.4kV 低压柜 10 面，采用 GGD 固定式低压开关柜，利旧 0.4kV 低压柜 11 面；更换 S13-M-1000kVA 站用变压器 2 台；配电室墙面地面修复及接地系统改造。决算投资 245.84 万元。

全景图

2. 建设工期

开工日期： 2020 年 9 月 24 日。

竣工日期： 2020 年 10 月 12 日。

施工周期： 18 天。

3. 参建和责任单位

建设单位： 包头供电局昆区供电分局。

参建人员： 安平、刘天翼、李晓宇、郭向东、曹仁杰、吕俊峰、呼和、高建勇、王宏刚。

设计单位： 北京恒华伟业科技股份有限公司。

施工单位： 内蒙古第一电力建设工程有限责任公司。

（二）管理情况及亮点

（1）认真开展项目立项审核工作，逐条、逐项梳理项目必要性，报送配电网项目前期计划。设计进场后根据现场情况及实际需求，从头至尾，深入现场，多角度、多维度推敲方案，一步到位，使设计达到深度要求，保证项目精准落地。施工进场提前布局，多方协商，确保工程顺利实施。施工过程严格执行“双准入”的管理模式，不断完善作业人员名册，实现施工队伍“一队一册”、作业人员“一人一档”；实行“二维码”动态管控，确保现场工作人员有案、在案。分局多次对参建人员进行《安规》《调规》《两票管理办法》、生产现场作业“十不干”的宣贯、培训和事故案例警示教育，提高现场人员规矩意识，确保达到“六个不发生、一个控制”的管理目标。

（2）业主项目部提前介入，主动联系小区居委会、物业提前围挡空地，保证施工条件和施工安全；分局反复进行桌面推演，多次优化专项施工方案，保证工程顺利推行的同时避免用户多次停电，提高供电可靠性，增加客户满意度。

（三）质量、工艺展示

窗户安装工艺标准

高压室设备安放整齐规范

自流平地面工艺标准

高压开关柜排列整齐标准

开闭站接地安装标准

设置挡鼠板、配置灭火器

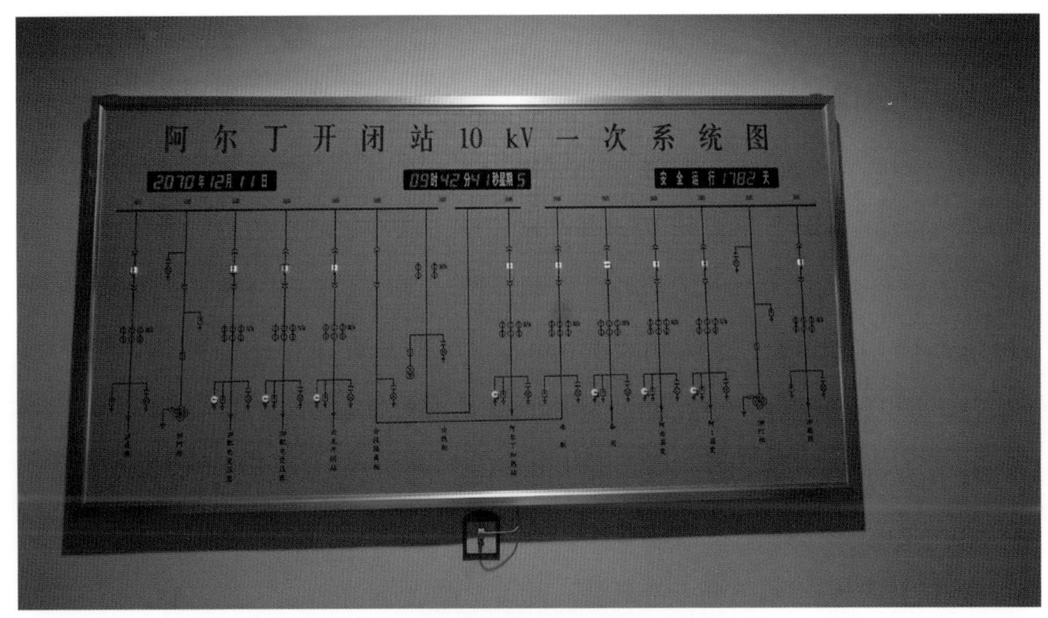

开闭站设置一次系统图

变压器室安装工艺标准美观

五、鄂尔多斯电业局康巴什供电分局 10kV 吾悦广场开闭所新建工程

▶ 工程类别：配电站房、城网

（一）项目概况

1. 规模及造价

新建 10kV 电缆线路 9.75km，新建 24 芯光缆 8.15km；新建开闭站 1 座。决算投资 936.66 万元。

全景图

2. 建设工期

开工日期： 2020 年 7 月 6 日。

竣工日期： 2020 年 11 月 20 日。

施工周期： 137 天。

3. 参建和责任单位

建设单位：鄂尔多斯电业局康巴什供电分局。

参建人员：张玉东、苏建成、李宏伟、张继森、徐娟、孙健、张振程、崔凯、汪丰阳。

设计单位：鄂尔多斯市和效电力设计有限责任公司。

施工单位：鄂尔多斯市和效电力建设工程有限责任公司。

（二）管理情况及亮点

（1）精细管控、严格考核，夯实安全基础。通过“四级安全管控”（施工现场配置安全员、甲方代表同进同出管控现场、分局安监人员巡视检查、市局安监大队随机抽查）措施，实现安全检查全覆盖，横向倒边、纵向到底，安全管控无死角。根据《相关方安全管理办法》，采用“积分制”考核违章作业，“红、黄、蓝”牌处罚施工单位，提升施工人员安全意识，发挥施工单位安全管控主体责任，确保配电网工程安全施工建设。

（2）高效施工、严格验收，严把工程质量。使用专用机械快速清淤，使用四轮式绞磨机高效敷设电缆，提高施工效率。检查验收过程管控、旁站监管电缆敷设、附件制作等全面执行标准工艺，及时指导消除质量缺陷，确保质量“零缺陷”，实现运行“零故障”。

（三）质量、工艺展示

电缆支架及电缆固定牢固、美观

环网箱基础百叶窗位置标准

电缆终端安装工整，相序清晰

环网箱基础清水混凝土工艺美观

站内开关柜布置整齐标准

管道清淤机小巧实用

集水井安装防护网，避免杂物进入

六、阿拉善电业局配电自动化主站建设工程

▶ 工程类别：配电站房、城网

（一）项目概况

1. 规模及造价

新建配电自动化主站 1 座，远程工作站 7 座；改造机房 3 间、UPS 电源室 1 间、调度室 1 间。决算投资 2205.61 万元。

全景图

2. 建设工期

开工日期：2019 年 11 月 11 日。

竣工日期：2020 年 11 月 5 日。

施工周期：360 天。

3. 参建和责任单位

建设单位：阿拉善电业局。

参建人员：田斌、继雅、杨勇、闫广东、王瑞臻、何海泉、孟天杰、张敏。

设计单位：阿拉善金圳电力勘测设计有限责任公司。

施工单位：四川大智电力有限公司。

（二）管理情况及亮点

（1）安全文明施工，多项措施并举。施工过程中，为了降低施工噪音，采取安装隔音门、减少夜间施工等措施；采用墙壁划线的施工方法，提前将需要安装的设备尺寸、位置等在墙壁上标示清楚，有效提高了施工质量和效率。

（2）机房接地系统采用等电位方式，避免出现电压差损毁设备；接地极裸露部分刷有专用防腐涂层，并使用接地系统专用色，在保证美观的同时，又具有明显警示意义，防止人员误触接地系统。

（3）线缆敷设前，组织施工人员进行策划，并加强规程规范的学习。施工时，对线缆设置明显标记，每根设备连接线都使用不同颜色的标签和独立的起止标签，用于区分连接设备和主备网络，线缆布置整齐，盘绕固定。施工完成后进行全面检查，统一整理，统一标识、标签，使得整体布线工艺美观。

（三）质量、工艺展示

机柜排列整齐，布线美观

每根设备接线使用不同颜色标签独立区分

设备、网络接线整齐美观

设备安置整齐规范

设备接线布线合理规范

主站走廊布局规范，标志清晰明确

电缆支架安装牢固，工艺标准

第四部分

老旧计量

构建项目需求、设备选型、工艺应用、信息管控全流程建设体系，工程安全、质量、进度全过程管控体系，促进工程高质量建设。建立“一户一档信息卡片”，研发“智能手持终端”“预付费快速过票处理系统”等，提升工程建设效率。多渠道宣传、网格化服务，对点到人宣贯改造政策、指导使用方法，满足客户便捷缴费、安全用电需求，答客户所惑、解客户所难，不断提升客户用电满意度。

2018

一、呼和浩特供电局回民供电分局2018年老旧计量升级改造工程

▶ 工程类别：老旧计量、城网

（一）项目概况

1. 规模及造价

更换三相智能费控表248块，单相智能费控表28383块；更换六表位表箱402个，八表位表箱200个，十表位表箱88个，更换表箱门23384个；更换变台采控终端128个；新建空气断路器690个；新建JKLYJ-1/95接户线4.97km，BV-50接户导线95.41km，BV-10进户导线140.01km；新建低压电缆分支箱106个。决算投资1091.33万元。

全景图

2. 建设工期

开工日期：2018年5月18日。

竣工日期：2018年11月8日。

施工周期：174天。

3. 参建和责任单位

建设单位：呼和浩特供电局回民供电分局。

参建人员：惠凯、郭东东、刘肖森、翟捷、云发、王蒙。

设计单位：中建中环设计院。

施工单位：内蒙古承建电力工程有限公司。

（二）管理情况及亮点

（1）在工程建设阶段，结合现有班组分工情况，制定了切实可行的《回民分局老旧计量工程管理办法》，通过生产、营销、配网等多部门协调配合，实现对老旧计量改造工程“全局工作一盘棋”的管理，保质保量推进工程建设。

（2）全面落实施工作业现场“双卡”管控制度，将安全管控卡、质量管控卡应用到工程的日常检查中，对检查过程中发现的问题，及时下发卡片提出整改意见并要求限期整改，整改后将卡片及时归档，做到安全、质量的闭环管理。

（3）建立施工工艺评价体系，确保工程整体无缺陷。动态开展日常评分工作，对每一项已完工项目，根据工艺标准逐项打分，达标后方可送电投运。

（三）质量、工艺展示

电缆进线口封堵严密

集中表箱和线槽布置整齐

低压分支箱相序明确、布线整齐

楼内管线通道口封堵严密

镀锌槽盒固定支架安装牢固

集中计量箱安装工艺标准

热镀锌桥架整体工艺美观

二、包头供电局昆区供电分局 2018 年老旧计量升级改造工程

▶ 工程类别：老旧计量、城网

（一）项目概况

1. 规模及造价

改造单相智能费控表 360 块，改造表箱 70 个，改造表箱门 96 面；新建低压电缆分支箱 6 台；新建下户线及接户线 1.89km。决算投资 100.94 万元。

全景图

2. 建设工期

开工日期：2018 年 4 月 13 日。

竣工日期：2018 年 9 月 22 日。

施工周期：159 天。

3. 参建和责任单位

建设单位：包头供电局昆区供电分局。

参建人员：安平、王元廷、李晓宇、呼和、王宏刚、高建勇、杨浩。

设计单位：杭州昌能电力设计有限公司。

施工单位：内蒙古电力建设（集团）有限公司。

（二）管理情况及亮点

（1）研发工程管控 App，信息化管理工程建设。工程管理过程中，自主研发配电网工程管控 App，深度推广应用，优化管理流程，实现配电网工程全过程线上管理，保证配电网工程建设安全质量进度可控、在控，提高了配电网工程管理效率。

（2）构建“12345”管理新模式，实现全过程闭环管理。建设一套系统，研发配电网工程建设管理系统；落实两个定位，定位工程现场、参建人员；明确三个透明，工艺质量、工程进度、施工计划在系统中透明可查；达到四个及时，任务派发、监督检查、信息流转、缺陷整改四个步骤在系统中及时流转；实现五个提升，安全施工、工艺质量、管理效率、信息化、智能化在工程管理中显著提升。

（三）质量、工艺展示

低压配电箱及出线槽盒敷设工艺标准

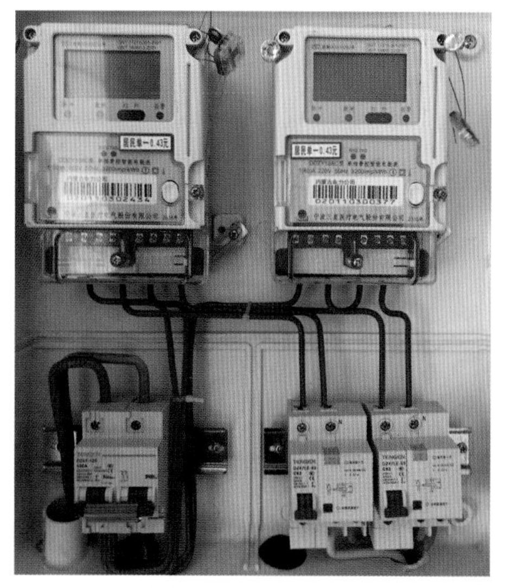

表箱内接线标准美观

集中表箱安装标准

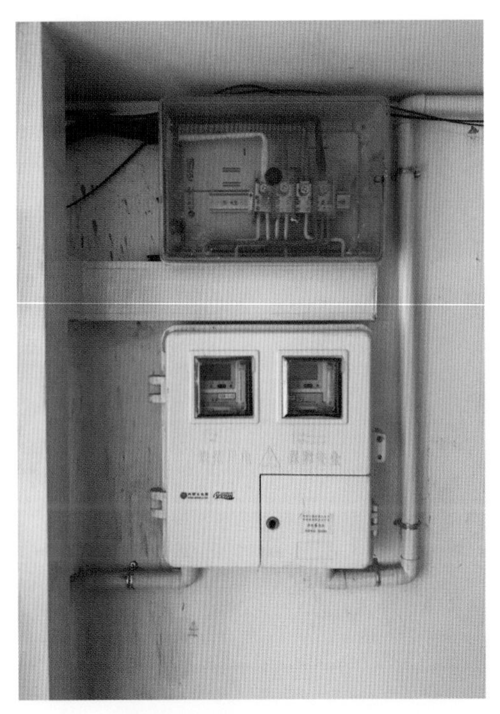

楼内配电箱安装工艺美观

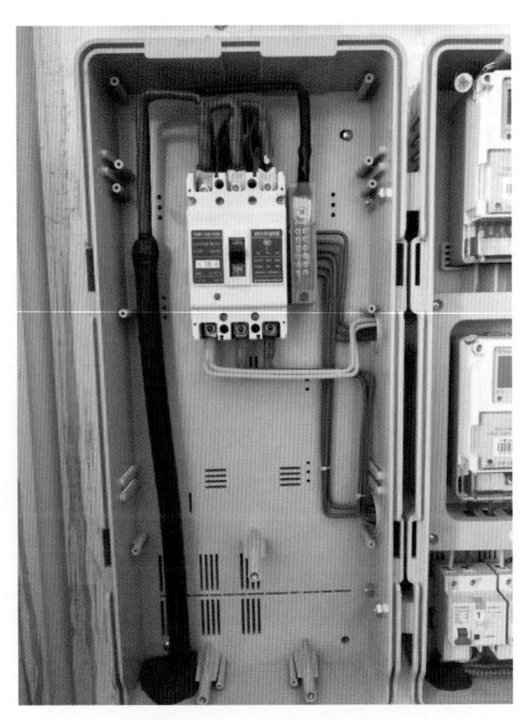

表前总空开接线标准美观

表箱内导线绑扎规范

配线施工整齐美观

三、巴彦淖尔电业局临河供电分局 916 市内线庆丰大队变 2018 年老旧计量改造工程

▶ 工程类别：老旧计量、农网

（一）项目概况

1. 规模及造价

改造单相智能费控表 221 块，改造三相智能费控表 6 块，更换表箱 50 个，更换表箱门 17 个；新建 YJLV-0.6/1kV-4×35 电缆 1.1km，改造 YJV-0.6/1kV-4×50 电缆 0.2km，改造 2×16 型集束导线 8.13km，改造 JKLYJ-1kV-1×25 绝缘导线 0.2km，改造 JKLYJ-1kV-1×50 绝缘导线 0.24km。决算投资 31.57 万元。

全景图

2. 建设工期

开工日期：2018 年 9 月 11 日。

竣工日期：2018 年 9 月 26 日。

施工周期：15 天。

3. 参建和责任单位

建设单位：巴彦淖尔电业局临河供电分局。

参建人员：高云、付强、丁嘉伟、王子希、王博瑞、张志炜、马龙、王婷。

设计单位：巴彦淖尔市科兴电力勘测设计有限责任公司。

施工单位：山西鑫众和电力贸易有限公司。

（二）管理情况及亮点

（1）组织管理：建立健全管理组织机构和保证体系。按照要求成立配电网工程业主项目部，负责工程的计划编制、初设审查、材料把关、开工审批、施工管理、竣工验收等工作。

（2）安全管控：针对老旧计量改造工程投资大、队伍多、人员流动性大的特点，抽调专家组成多个督查小组，落实包片责任制，全天候进行安全督查和指导。

（3）质量管控：全面贯彻执行国家、行业和集团公司配电网工程建设质量管理的各项要求，按“谁主管谁负责”的原则实行全过程管理，定期组织设计、监理、施工等单位召开质量工作例会，及时解决工程建设中存在的问题，确保工程优质高效推进。

（4）进度管理：在充分考虑工程项目的外部环境、建设规模、施工难度、停电安排等因素的基础上，制定了详细的周施工作业计划，并实行工程进度日报制，实现了施工进度的精准管控。

（三）质量、工艺展示

下户线敷设工艺标准美观

低压分列导线下户方式工艺标准

动力表箱加装防水接头

低压线路悬挂敷设安装标准

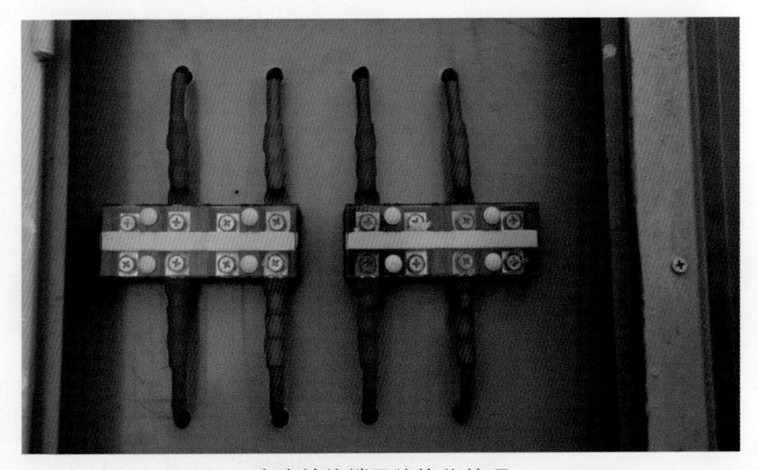

电表接线端子绝缘化处理

集中式电表安装工艺标准美观

楼房线路敷设采用独立钢索

四、乌海电业局海南供电分局 2018 年老旧计量升级改造工程

▶ 工程类别：老旧计量、城网

（一）项目概况

1. 规模及造价

更换单相智能费控表 665 块，三相智能费控表 1 块，三相自适应电表 1 块，更换 1 表位表箱 51 个，6 表位表箱 102 个；更换 BV-35 进户线 1.53km，BV-6 进户线 6.62km。决算投资 377.23 万元。

全景图

2. 建设工期

开工日期：2018 年 4 月 18 日。

竣工日期：2018 年 7 月 17 日。

施工周期：90 天。

3. 参建和责任单位

建设单位：乌海电业局海南供电分局。

参建人员：董洁、王磊、张林志、赵吉武、周立新、王军锋、段亚强、张艳强、李丹卿。

设计单位：乌海海金电力勘测设计有限责任公司。

施工单位：乌海市海金送变电工程有限责任公司。

（二）管理情况及亮点

（1）加强工程过程管控。项目管理人员全员参与，从项目可行性研究、初步设计到工程实施、竣工验收等环节全过程精细化管控，实现“质量优良、工期保证”的建设目标。

（2）严抓工程安全工作。开工前，对安全风险隐患进行梳理，并有针对性地开展安全教育培训。施工时，安全管理人员现场全时监督，严格执行安全管理要求，深入落实各类安全措施，严厉考核制度，确保施工过程安全。

（3）细化档案管理，采用“五步管控”法完善资料整建。按照小区、楼栋、单元、户归档预付费处理回执单；依据换表现场影像资料，采用一户一档的资料管理方式，及时整建用户档案资料和数据库。

（三）质量、工艺展示

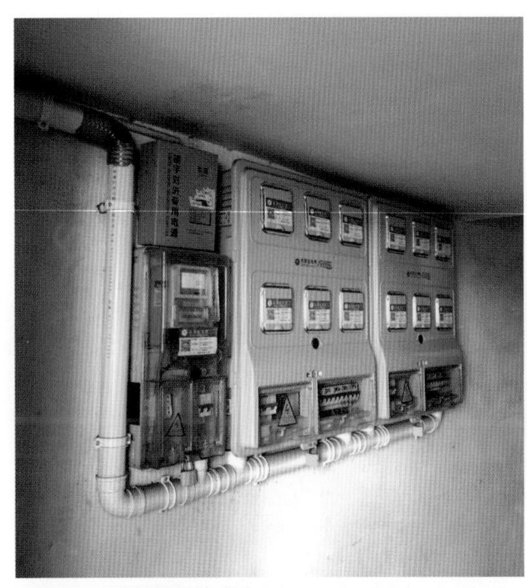

计量箱安装整齐，工艺规范

户外表箱进出线安装标准美观

集中表箱安装标准，线路敷设整齐

计量箱进、出线穿管防护，标识清晰

下户线及电表安装标准

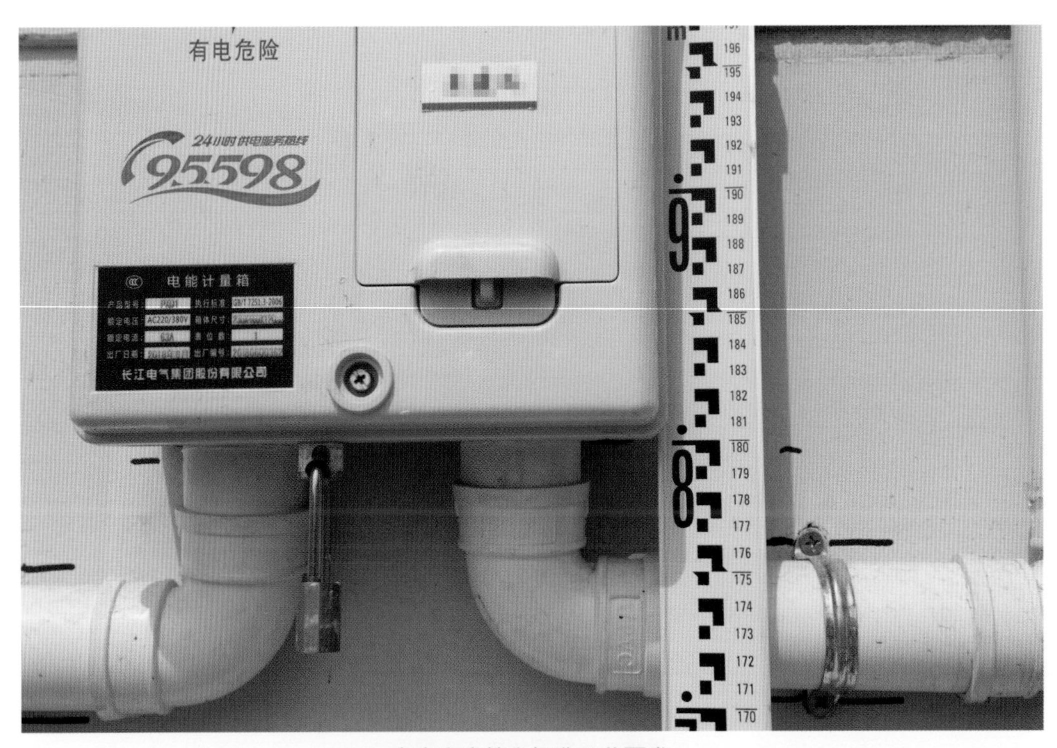

电表高度符合标准工艺要求

电表设置户号，清晰美观

2019

五、呼和浩特供电局赛罕供电分局 2019 年老旧计量改造工程电校台区改造工程

▶ 工程类别：老旧计量、城网

（一）项目概况

1. 规模及造价

更换单相智能费控表 241 块；改造 0.4kV 下户线 0.68km；新建 BV-35 进户线 1.8km，BV-25 进户线 0.45km，BV-10 进户线 11.64km; 新装户外热镀锌电缆桥架 0.54km，PVC 槽盒 1.44km。决算投资 1046.74 万元。

全景图

2. 建设工期

开工日期： 2019 年 10 月 18 日。

竣工日期： 2019 年 11 月 17 日。

施工周期： 30 天。

3. 参建和责任单位

建设单位：呼和浩特供电局赛罕供电分局。

参建人员：高军、姜言峰、王利伟、陈霖、闫敏、李莹、李佳佳、刘文生、吴春山、孟阳。

设计单位：陕西众森建筑安装工程有限公司。

施工单位：内蒙古元瑞电建有限责任公司。

（二）管理情况及亮点

（1）优化工程管理过程。业主项目部联合监理项目部、施工项目部成立配电网工程项目管理组，采用高位协调、简化手续、明确分工等措施扎实推进工程实施。通过“四步工作法”规范施工过程管理，按照现场勘察、事先交底、过程监督、竣工验收四个步骤形成工程安全质量闭环管理系统。

（2）细化工程管理举措。开工前，业主项目部组织专家对施工人员开展专项培训，提高施工人员安全意识、技能水平。施工过程中，采用积分考核管理办法，建立施工人员准入、清退机制。施工人员经考试合格后发放施工准入证方可入场施工，依据《安全质量检查表》每日检查施工现场，对发现的问题依据《考核细则》对施工单位严肃考核，考核积分累计达上限的予以清退，保障工程安全优质建设。

（三）质量、工艺展示

施工安全工器具摆放整齐

镀锌桥架沿墙敷设工艺标准

电缆桥架支架安装牢固

单元 π 接箱接线整齐工艺标准

楼道 PVC 槽盒安装整洁美观

表箱及进出线槽盒安装整齐

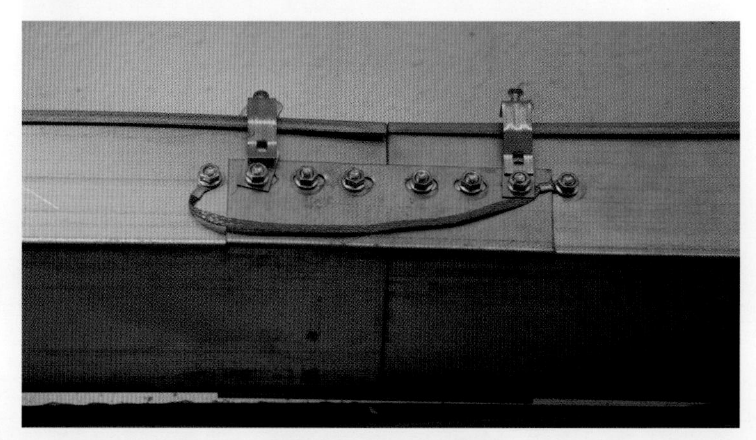

电缆桥架锁扣工艺标准

六、呼和浩特供电局托克托供电分局 2019 年老旧计量改造工程小口子村台区改造项目

▶ 工程类别：老旧计量、农网

（一）项目概况

1. 规模及造价

改造单相智能费控表 210 块，三相智能费控表 23 块；更换接户及进户线 5.87km。决算投资 32.88 万元。

全景图

2. 建设工期

开工日期：2019 年 11 月 3 日。

竣工日期：2019 年 11 月 17 日。

施工周期：14 天。

3. 参建和责任单位

建设单位：呼和浩特供电局托克托供电分局。

参建人员：石连柱、刘铁钢、王吉平、沈有威、杨斌、云海峰、姜俊平、刘芳。

设计单位：内蒙古旭安工程有限公司。

施工单位：中恒诚信建设有限公司。

（二）管理情况及亮点

（1）严抓施工队伍管控。确保施工能力满足现场需求。建立施工队伍动态管控体系，严格落实施工人员与队伍安全准入制度，确保施工作业人员的工作能力与现场工作目标相匹配。同时，组织开展承载力分析，从中标单位、项目部、施工班组三个层级设置承揽工程的最低标准，严格限制承揽的规模和资金，杜绝超承载力承担施工任务。

（2）开展履约评价工作。对施工能力、安全管理水平、建设质量、诚信履约、农民工工资支付等方面开展综合评价，对不良承包商采取约谈、曝光、罚款、解除合同、限制投标及行业禁入等手段进行处罚，定期发布评价结果，建立优胜劣汰机制。规范施工单位人员管理，建立现场人员“一队一册、一人一档”制度，将所有人员纳入施工单位的安全管理体系，统一日常管理、统一教育培训、统一现场管控、统一评价考核。

（三）质量、工艺展示

沿墙敷设 PVC 管排列整齐美观

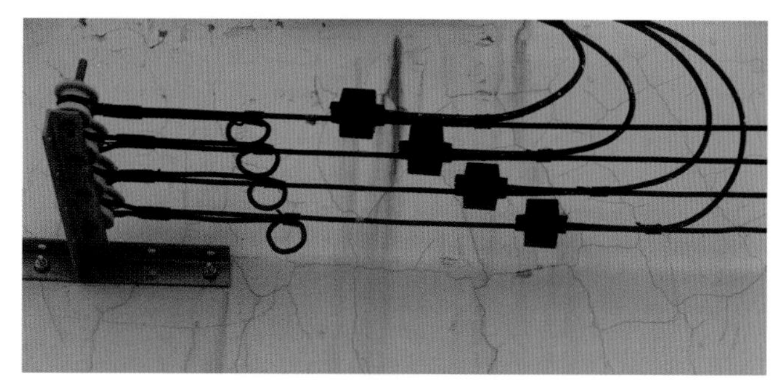

导线尾部制作工艺标准美观

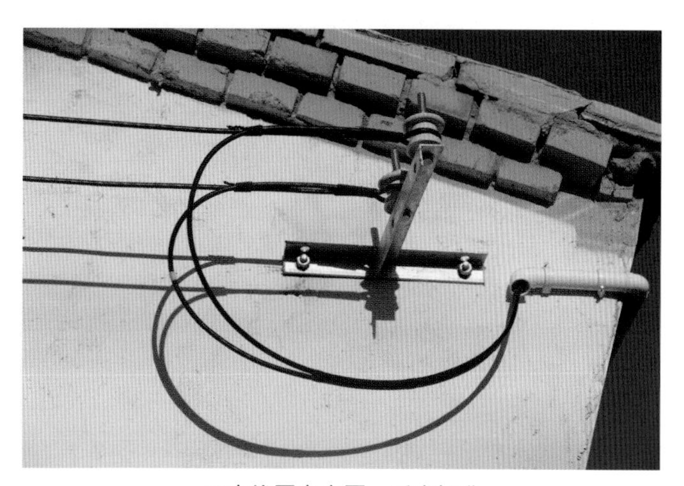

下户线固定牢固，弧度标准

下户线沿墙敷设支架安装标准

户表及进出线安装整齐标准

支架安装牢固，导线绑扎工整

导线绑扎标准、滴水湾自然美观

七、包头供电局昆区供电分局呼铁局“三供一业”项目包头火车站西平房住宅区改造工程

▶ 工程类别：老旧计量、城网

（一）项目概况

1. 规模及造价

新建 10kV 电缆线路 0.9km，新建 0.4kV 电缆线路 3.31km，新建 0.4kV 架空线路 0.24km；新建接户线及下户线 27.19km，新建 BVVB-2×6 护套线 26.89km；新建 S13-400kVA 箱式变压器 2 台，低压电缆分支箱 16 台；更换单相智能费控表 509 块，各类表箱 77 个。决算投资 118.09 万元。

全景图

2. 建设工期

开工日期： 2019 年 7 月 20 日。

竣工日期： 2019 年 11 月 16 日。

施工周期： 120 天。

3. 参建和责任单位

建设单位： 包头供电局昆区供电分局。

参建人员： 安平、刘天翼、武国梁、李晓宇、郭向东、呼和、高建勇、王宏刚。

设计单位： 浙江昌能规划设计有限公司。

施工单位： 河北凯鑫电力安装工程有限公司。

（二）管理情况及亮点

（1）构建配电网工程“双核驱动”管理新模式。深刻领会配电网标准化建设改造创建内涵，着力构建项目需求、设备选型、建设工艺、管控信息“四位一体”的配电网工程标准化管控体系；探索配电网工程管理基本要素，狠抓配电网工程安全管控、质量管控、进度管控，着力构建配电网工程项目全过程管控体系，实现“两个体系”的良性互促，形成配电网工程“双核驱动”的管理新体系，保证配电网标准化建设改造创建成果真正落实，实现管理体系自循环。

（2）创建标准施工工艺管理新举措。坚持“事前指导，事中控制”的原则，强化施工前标准工艺培训，通过集团公司至供电分局三级配网办的工艺培训，全面提升施工人员技能水平；坚持抓重点人、重点环节的“两个重点”的工作理念，确保落实标准施工工艺。

（三）质量、工艺展示

集中表箱安装标准整齐

分接箱内接线安装规范整齐

箱变接地工艺标准

沿墙敷设线路贴户号及编号

电缆直埋敷设工艺标准

电缆分支箱接线整齐，线路型号明确

电缆分支箱进出线穿管信息明确

八、包头供电局土右供电分局毛岱 110kV 变电站 916 毛缸线榆次营村老旧计量改造工程

▶ 工程类别：老旧计量、农网

（一）项目概况

1. 规模及造价

改造三相智能费控表 310 块，更换表箱 162 个；更换接户及进户线 8.88km。决算投资 37.21 万元。

全景图

2. 建设工期

开工日期：2019 年 10 月 20 日。

竣工日期：2019 年 11 月 5 日。

施工周期：16 天。

3. 参建和责任单位

建设单位：包头供电局土默特右旗供电分局。

参建人员：秦凯、刘伟、张文龙、任聪、苗培元。

设计单位：杭州鸿晟电力设计咨询有限公司。

施工单位：宁夏鸿利达电力建筑安装工程有限公司。

（二）管理情况及亮点

（1）强化安全管理。严把施工单位入场审核关，确保资质备案齐全；组织施工人员培训考试合格，筑牢安全基础；执行《配电网工程一日安全作业流程》和“三拒绝”“四不伤害”“十不干”等安全管理办法；推行“四级联动”安全防控体系，联合监理单位、运行单位、安监督查组、工程室紧盯施工现场，实现全员、全方位、全过程安全管控。

（2）紧盯进度节点。按照里程碑进度计划，编制“二级进度计划”，同步要求施工单位制定“三级进度计划”，严格执行工程管控日报制度，紧盯每日完工工程量，精准管控工程进度，高效推进工程建设。

（3）提升优质服务。在改造计量装置之前，开展换表协议签订工作，完善了系统内用户信息。同时，成立了宣传小队，通过网络、现场、入户的方式，多方位的宣传费控表使用优点，解答常见问题。在改造完成后，逐户回访，及时解决运行异常的问题，践行人民电力为人民的服务理念。

（三）质量、工艺展示

下户线固定绑扎标准牢固

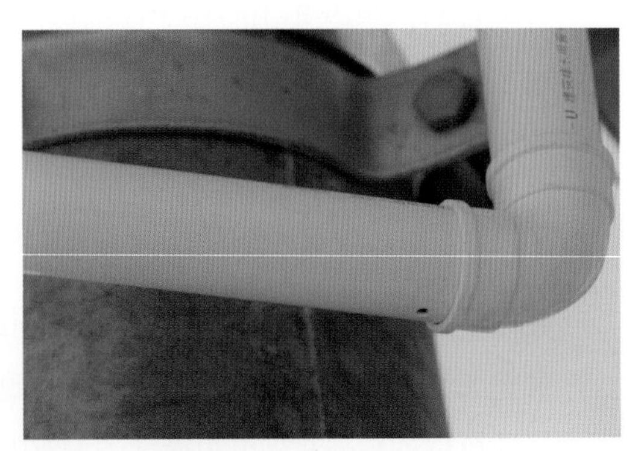

保护管下端钻小孔便于排水

两表位表箱安装标准整齐

下户线接线工艺标准

低压线路及下户线整体工艺标准

接户线弧度标准美观

低压终端杆杆头安装标准

九、鄂尔多斯电业局伊金霍洛供电分局乌兰木伦温馨小区老旧计量改造工程

▶ 工程类别：老旧计量、农网

（一）项目概况

1. 规模及造价

更换单相智能费控表 836 块，更换表箱门 204 个。决算投资 43.64 万元。

全景图

2. 建设工期

开工日期：2019 年 10 月 4 日。

竣工日期：2019 年 10 月 24 日。

施工周期：20 天。

3. 参建和责任单位

建设单位：鄂尔多斯电业局伊金霍洛供电分局。

参建人员：王利平、张玉东、李煜峰、张继林、贾瑞福、胡军、崔凯、刘建忠、万飞。

设计单位：鄂尔多斯市和效电力设计有限责任公司。

施工单位：鄂尔多斯市和效电力建设工程有限责任公司。

（二）管理情况及亮点

（1）制定《配电网工程安全管理办法》和《配电网工程建设考核细则》，规范管理、严肃考核，保障施工安全。从“人、料、机、法、环”五个方面查找并消除安全隐患，筑牢安全之基；落实“四级安全管控”模式，施工单位落实安全主体责任、设备主人同进同出、安监大队巡视检查、领导包片负责，确保现场安全；“积分制”考核违章作业，“黄牌警告、红牌出局”，严格考核管理。

（2）编制《计量改造工程工艺标准》明确改造验收标准，明确分线器安装、绝缘板更换、导线敷设、线号管编码、用户信息标牌张贴等细节工艺，进而铸造精品工艺。对照《计量改造工程质量检查验收清单》逐条检查工艺质量，形成“发检查 - 反馈 - 整改（消缺）- 复验 - 合格”的质量闭环管理流程。

（3）多渠道宣传、网格化服务，对点到人宣贯老旧计量改造政策，指导智能费控表使用方法，答客户所惑、解客户所难，满足客户便捷缴费、安全用电需求，不断提升客户用电满意度和获得电力感，实现老旧计量改造工程“零投诉”目标。

（三）质量、工艺展示

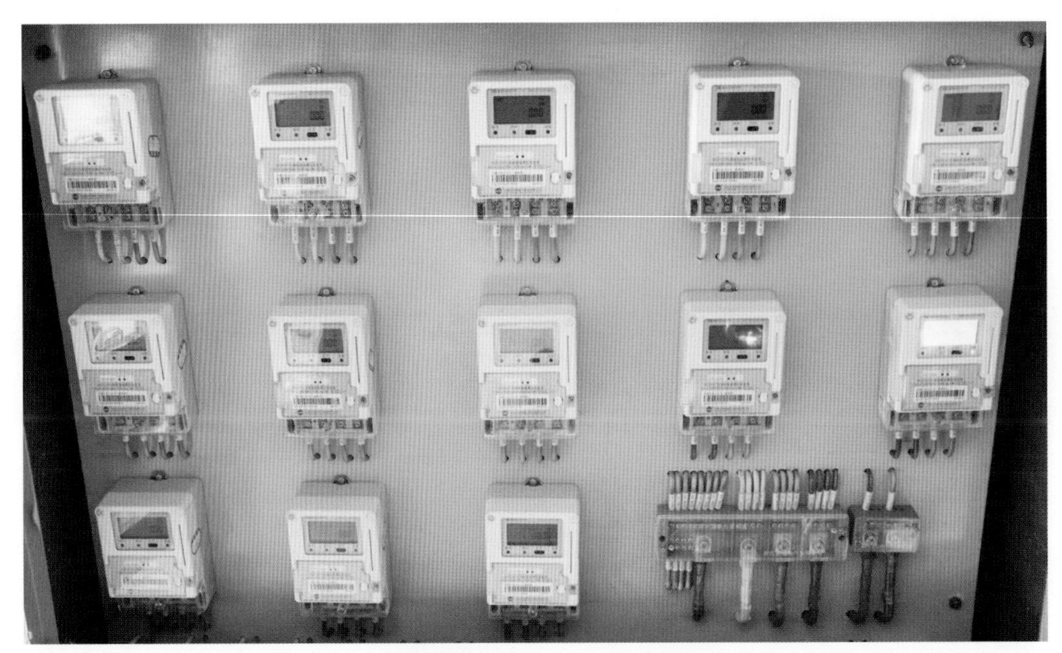

采用绝缘板固定表位，整齐美观

采用线槽固定表位，工艺规范

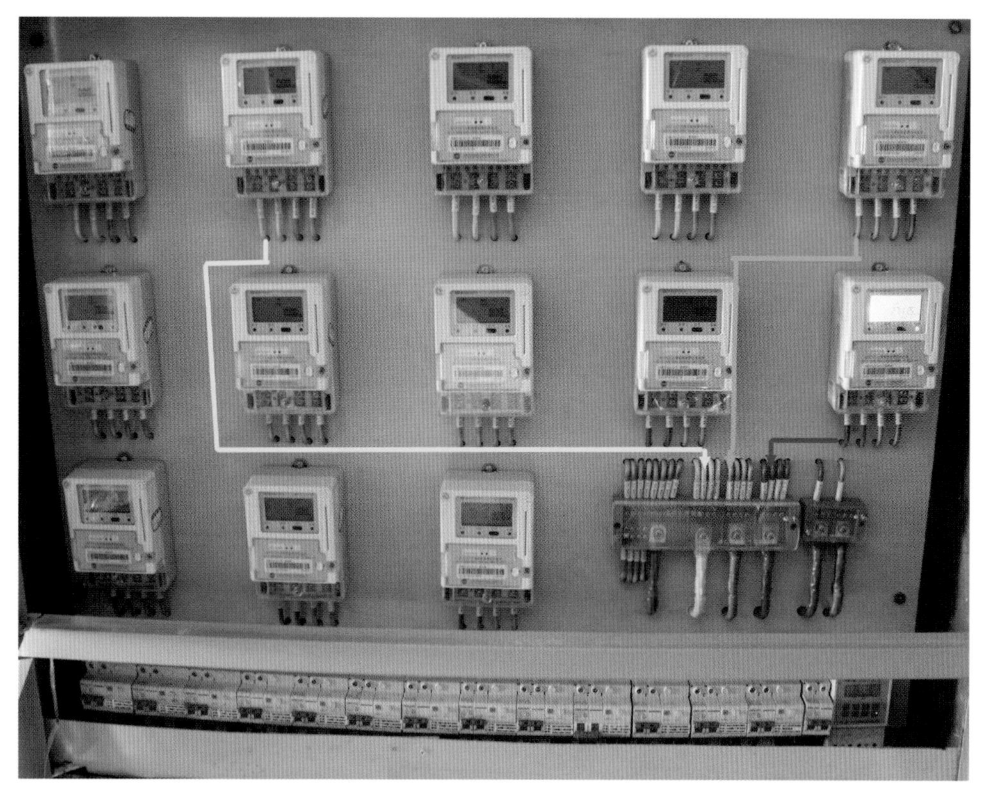

火线用颜色区分相序，平均分配负荷

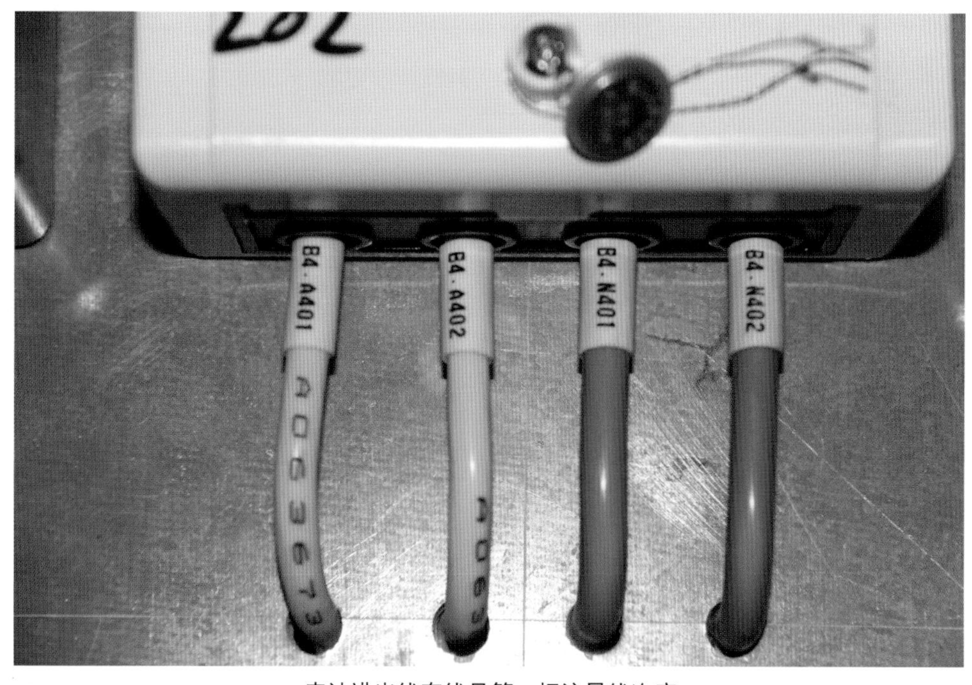

表计进出线套线号管，标注导线次序

分线器平均分配负荷，工艺规范

表箱门观察窗工艺美观

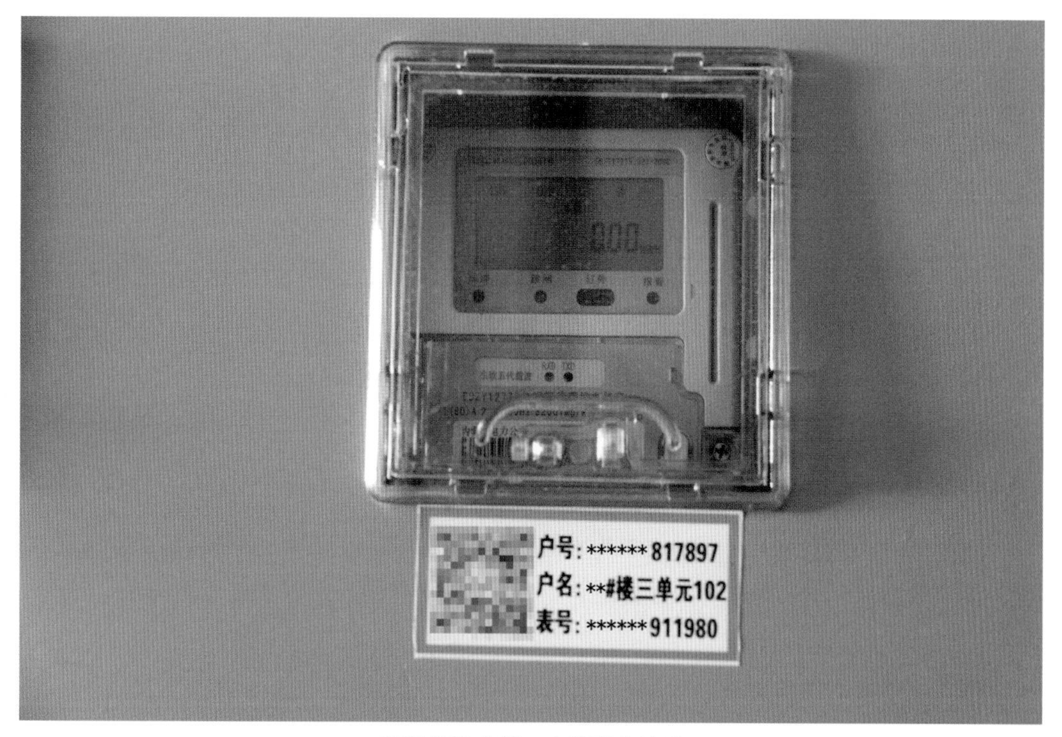

张贴表计户签，方便客户使用

十、巴彦淖尔电业局临河供电分局 963 临友线曙光西街 1 号变老旧计量改造工程

▶ 工程类别：老旧计量、城网

（一）项目概况

1. 规模及造价

新建 10kV 架空线路 0.15km，0.4kV 架空线路 0.13km；新建 S13-400kVA 配电变压器 1 台；新建低压分支箱 13 个；更换单相智能费控表 390 块，更换表箱 60 个。决算投资 62.97 万元。

全景图

2. 建设工期

开工日期：2019 年 10 月 9 日。

竣工日期：2019 年 10 月 16 日。

施工周期：7 天。

3. 参建和责任单位

建设单位：巴彦淖尔电业局临河供电分局。

参建人员：高云、付强、王子希、丁嘉伟、王博瑞、张志炜、马龙、王婷。

设计单位：巴彦淖尔市科兴电力勘测设计有限责任公司。

施工单位：巴彦淖尔市康立电力安装有限责任公司。

（二）管理情况及亮点

（1）研发配电网工程一体化管理系统。集违章处罚、数据采集、劳务征信、安全管控等九大功能。现场打印处罚通知单，并将处罚记录实时回传后台管理系统，督促立整立改存在问题；现场采集并录入数据，生成二维码上传，实现对数据的完整保存；将所有劳务人员信息进行录入，设置特种作业证、保险有效期到期自动提醒功能，并对劳务人员用工记录进行综合评价；根据当日施工作业内容确定安全风险等级，有效管控现场施工安全。

（2）应用作业现场安全警戒控制系统。利用“互联网＋人员定位”功能，在系统上设定警戒区域，为工作班成员配备定位告警终端，当有人员靠近警戒范围时，感应装置立即发出语音报警，及时制止危险行为。

（3）应用二维码准入证提高安全管控效率。通过现场扫描二维码的方式对施工人员的信息进行检查，有效缩短了检查时间、强化安全管控效率。

（三）质量、工艺展示

楼房分线箱整体工艺标准

低压配电箱出线加装标识牌

表箱前总空开线路安装整齐

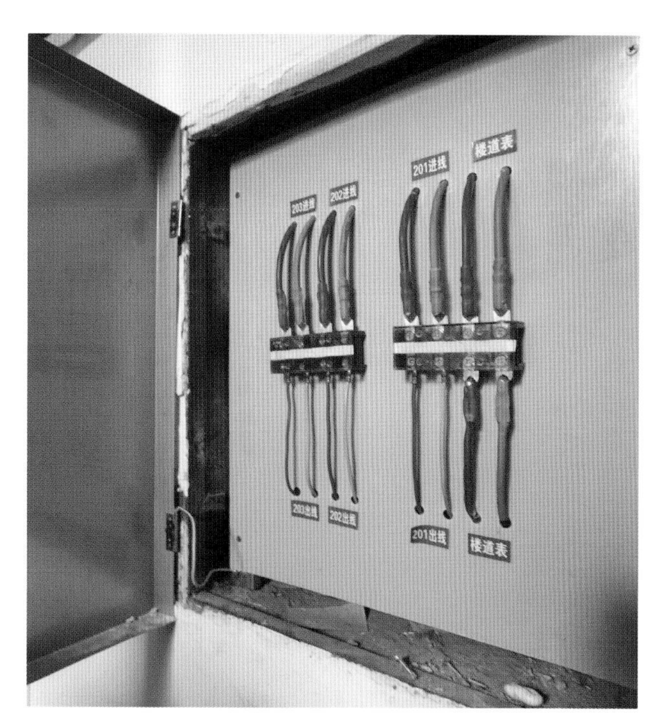

端子盒接线工艺标准

外墙穿管走线加装标识

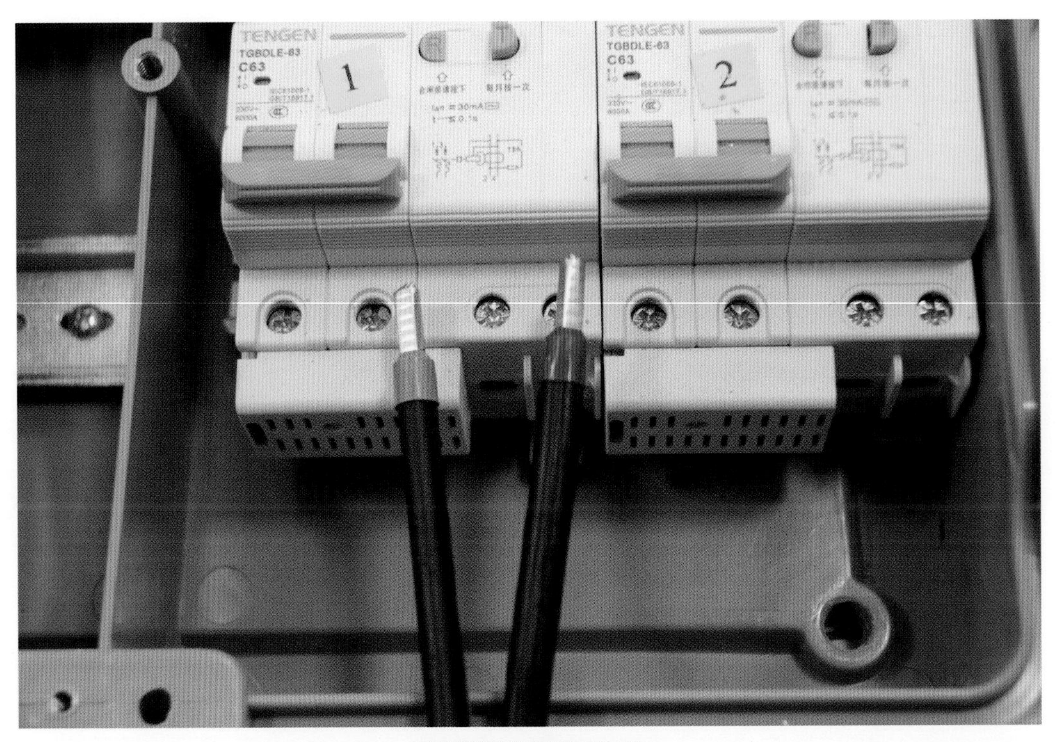

采用管型绝缘端子连接

使用延长横担保证电缆合理走径

十一、乌海电业局海勃湾供电分局乌海“三供一业”铁路三角形七字片平房区改造工程

▶ 工程类别：老旧计量、城网

（一）项目概况

1. 规模及造价

新建 10kV 架空线路 4.61km，10kV 电缆线路 1.8km；新建 S13-200kVA 变压器 2 台，柱上断路器 1 台；新建 ϕ190 × 12 × M × G 混凝土电杆 28 基；改造单相智能费控表 388 块，三相智能费控表 3 块，改造各类表箱 250 个。决算投资 150 万元。

全景图

2. 建设工期

开工日期： 2019 年 7 月 26 日。

竣工日期： 2019 年 12 月 10 日。

施工周期： 135 天。

3. 参建和责任单位

建设单位： 乌海电业局海勃湾供电分局。

参建人员： 马群、王磊、付建军、张林志、孟令众、高崟峰、梅峰、李赛、张海泉、韩琛旭。

设计单位： 乌海海金电力勘测设计有限责任公司。

施工单位： 内蒙古汇鑫电气设备安装有限公司。

（二）管理情况及亮点

全面提升配电网建设工程停电施工管理水平。为保证停电施工的工程质量与进度，避免因施工安排不合理原因造成客户投诉，停电作业工程管理过程细分为停电通知、施工许可、施工组织、竣工验收、录入系统、考核管理共六个管理模块，生产、营销、配网全员参与，对施工各个环节进行把控与考核，保证工程整体可控、在控。

打造样板工程，以点带面提升工程质量水平。在工程开工初期，严格把控施工作业面数量，要求每个施工队伍在规定时间内建设一个“首样工程”，工程完成后建设单位组织验收并在施工队伍间开展工艺质量评比工作，以此提高工艺水平，最终达到“建成一个、复制一片”的工艺管理目标，整体提升配电网建设工程工艺质量。

（三）质量、工艺展示

分接箱与桥架连接安全美观

户表箱及进出线安装整洁美观

电缆桥架敷设平整，电缆管箍标准

电缆上下杆安装及电缆标识安装规范

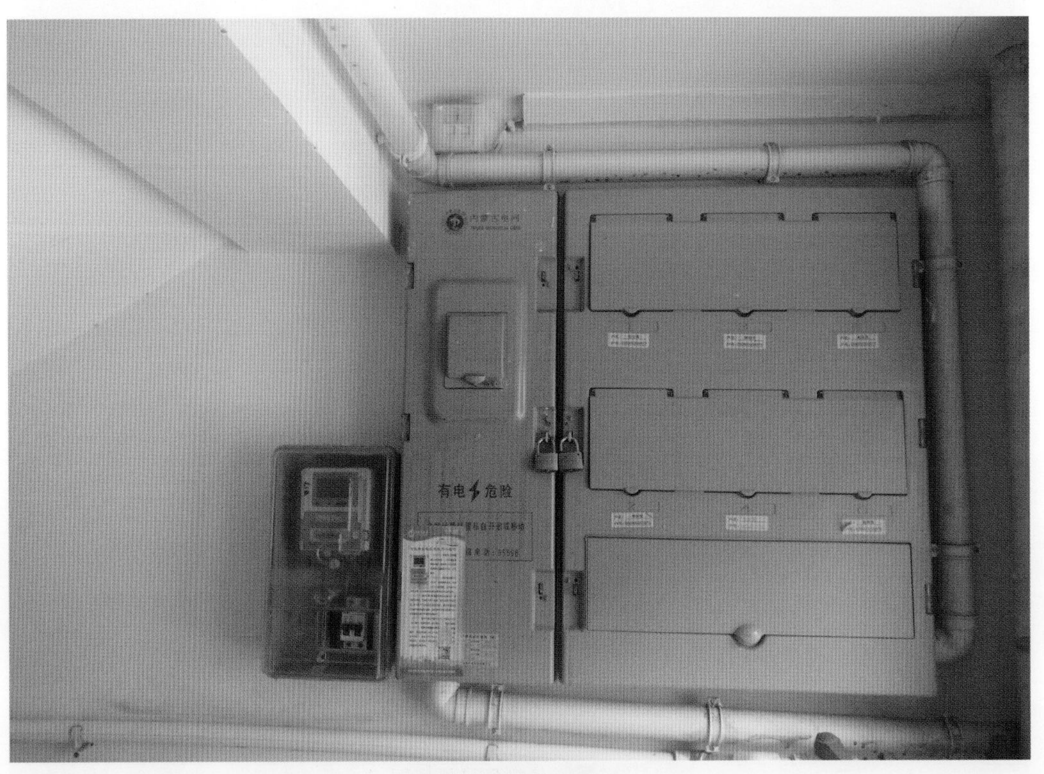

表箱进出线横平竖直

景观型箱变与环境融为一体

电表进出线安装整齐规范

十二、乌兰察布电业局察右后旗供电分局 2019 年老旧计量改造工程杨九斤幸福苑台区改造工程

▶ 工程类别：老旧计量、农网

（一）项目概况

1. 规模及造价

更换变台终端 1 块，变台表 1 块，电流互感器 1 组、变台计量箱 1 台；更换单相智能费控表 301 块，改造各类表箱 58 套。决算投资 23.57 万元。

全景图

2. 建设工期

开工日期：2019 年 9 月 20 日。

竣工日期：2019 年 9 月 30 日。

施工周期：10 天。

3. 参建和责任单位

建设单位：乌兰察布电业局察右后旗供电分局。

参建人员：李胜、邢泽鹏、张俊清、殷豹、张云峰、张可文、李菁、赵志强、王晓奇、秦利文。

设计单位：鄂尔多斯市通晟电力勘察设计有限责任公司。

施工单位：河南省金鹰电力勘察设计工程有限公司。

（二）管理情况及亮点

（1）实时收集工程建设全过程资料，完善工程建设管理。建立健全隐蔽工程管理等工作流程，利用定位功能，保证资料真实有效，要求“一工序一照片”，直观掌握每项工程、每道工序的施工情况，判断每个重点部位是否符合工艺质量要求，通过高标准、全方位的管控手段，确保每个部位、每道工序、每项工程施工质量符合标准工艺要求，最终达到工程优质的目标。

（2）优化管理流程，推进工作实效。线上审批施工“三措一案”、人员机具报审等资料，缩短手续办理审批时限，有效加快开工前各项准备工作。

（3）完善缺陷管理体系，确保工程零缺陷投运。安排专人详细记录缺陷内容，上传缺陷照片、给予整改意见、制订整改方案、跟踪整改情况，确认整改结果，最终做到闭环管理，保证零缺陷投运，提升资产全寿命周期，提高配电网工程健康水平。

（三）质量、工艺展示

下户线支撑点安装牢固

表前线弧度标准美观

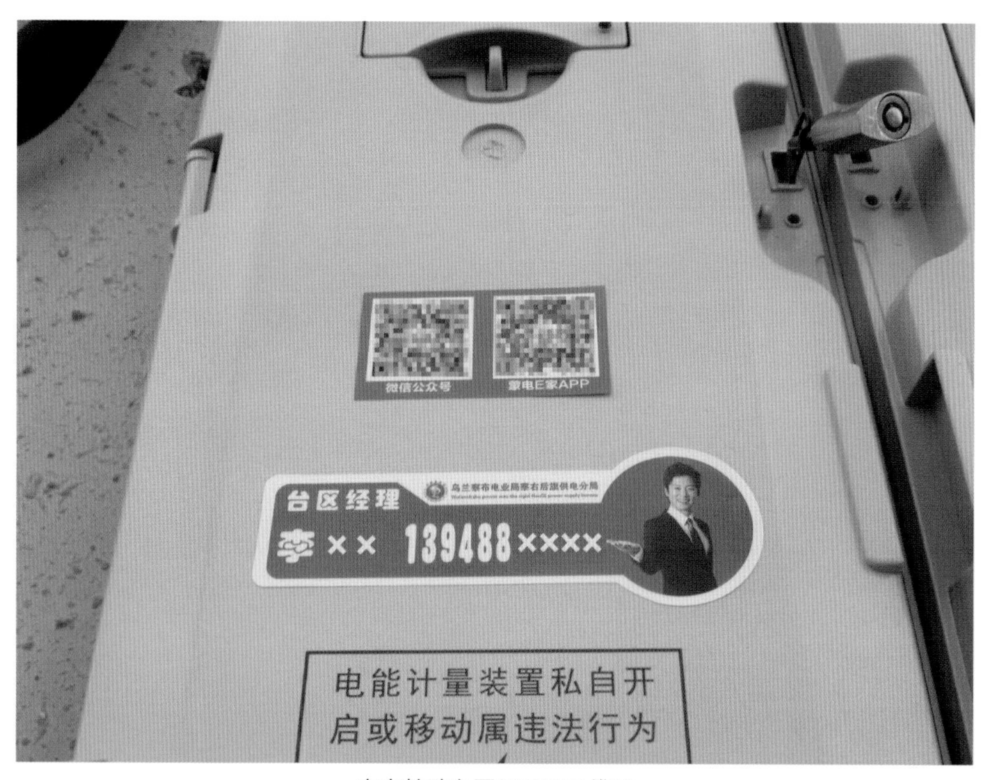

户表粘贴台区经理及二维码

绝缘防护严密，分相序绑扎美观

PVC 保护管与电杆间距标准美观

进线端子压接采用分色绝缘热缩套

低压线路沿墙敷设工艺标准

十三、乌兰察布电业局凉城供电分局 2019 年老旧计量改造工程永兴东一、东二、东三队台区改造工程

▶ 工程类别：老旧计量、农网

（一）项目概况

1. 规模及造价

改造单相智能费控表 268 块，三相智能费控表 22 块；改造接户及下户线 1.08km，进户线 6.72km。决算投资 32.09 万元。

全景图

2. 建设工期

开工日期：2019 年 11 月 8 日。

竣工日期：2019 年 11 月 25 日。

施工周期：17 天。

3. 参建和责任单位

建设单位：乌兰察布电业局凉城供电分局。

参建人员：谌望、马建庭、田龙、刘建雄、付建民、李高峰、倪文祥、郭鹏飞、王丽琨、杨云厚。

设计单位：天津天源国力电力技术有限公司。

施工单位：神华联合建设有限公司。

（二）管理情况及亮点

(1) 现场做好老旧计量优质服务宣传工作，牢固树立优质服务意识，提升客户满意度。在村中心人口密集处张贴“智能费控表知识及使用指南”“智能电表小知识”等宣传标语和宣传栏，现场发放宣传手册，指导用户正确充值缴费，让大家充分了解使用智能费控表的方便快捷。表箱处张贴“凉城电力信息”微平台和“蒙电 e 家”App 的二维码及使用方法，方便用户随时随地进行电力方面相关信息的查询，通过 App 实现网上缴费及电量查询。

(2) 研发配电网工程全过程管控移动应用终端，有效提升工程安全、质量、进度管理的标准化、规范化水平，实现工艺质量“一模一样”、管控信息“一清二楚”。通过现场应用终端的数据采集，提高了各参建主体之间的信息传递效率，有效提升现场安全、工艺质量管控穿透力，实现了管控效率的提升和管理人员减负，精准还原施工过程及关键工序作业，自动收集归档过程资料及一键编制全过程电子化资料，减轻一线人员负担，达到配电网工程建设全过程信息“一清二楚”的目的。

（三）质量、工艺展示

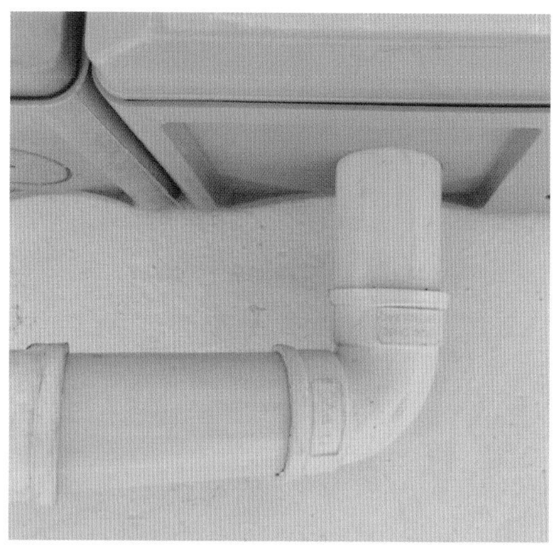

PVC 弯头连接处工艺标准

下户线引线弧度标准

PVC 管安装整齐美观

电杆防撞警示贴安装标准

表箱标识清晰、进出线明显区分

表箱对地距离设置规范

低压线路延墙敷设档距合理

2020

十四、包头供电局青山供电分局 919 棉富线春光四区老旧计量改造工程

▶ 工程类别：老旧计量、城网

（一）项目概况

1. 规模及造价

新建 0.4kV 电缆线路 3.7km；新建单相智能费控表 986 块，三相自适应电表 4 块，改造表箱门 444 个；新装低压电缆分支箱 15 台，单元接线箱 72 台；沿墙敷设槽盒 4.5km，楼内表前线 17.2km。决算投资 313.52 万元。

全景图

2. 建设工期

开工日期：2020 年 8 月 20 日。

竣工日期：2020 年 12 月 10 日。

施工周期：112 天。

3. 参建和责任单位

建设单位：包头供电局青山供电分局。

参建人员：沈东亮、刘永胜、陈珺、王元廷、徐肃、王森、宋志文、李志浩。

设计单位：包头奥拓电力设计有限责任公司。

施工单位：包头满都拉电业有限责任公司。

（二）管理情况及亮点

（1）开发智能手持终端，红外扫码或一键拍照采集电表信息，既方便又准确，将重复、枯燥的手工录入方式转为智能的自动化操作，大大提高工作效率，提升及时性，减少出错率。

（2）在智能手持终端的基础上，研发了预付费处理系统。该系统包含过票系统导入等功能，智能手持终端可与预付费处理系统有机结合，取代了人员现场办公、手工记录和大量的数据核对等简单重复性工作，解放人力、提升效率，也让客户体会到高效、规范、便捷的服务。

（3）签订“三方协议”，压实属地单位管理责任。建设单位、施工单位、属地供电所签订《配电网工程安全质量进度协议》，由属地供电所牵头开展工程建设中的施工协调、停电申请与通知等工作，充分发挥供电所末端供电服务特性，理顺运行单位与建设单位的管理流程，提升工程建设效率。

（三）质量、工艺展示

背板预安装工艺标准美观

低压配电箱进出线护管及标识美观

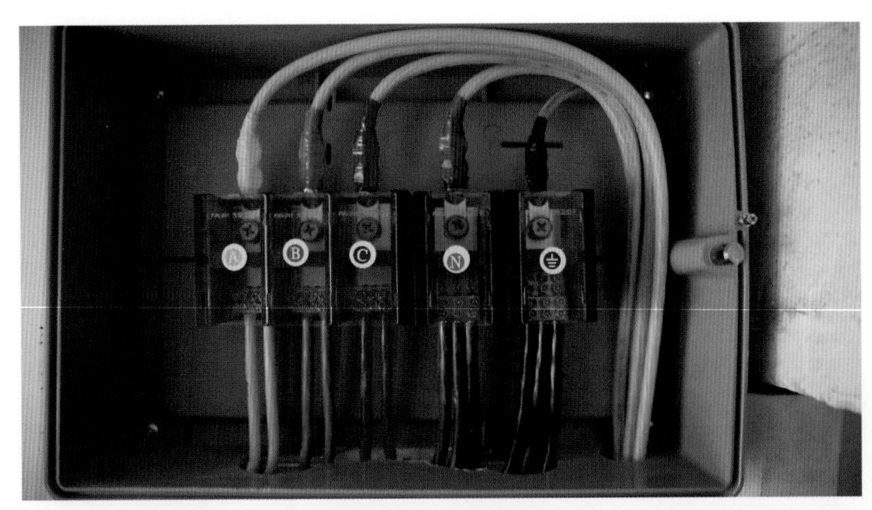

接线盒内相序明确整齐

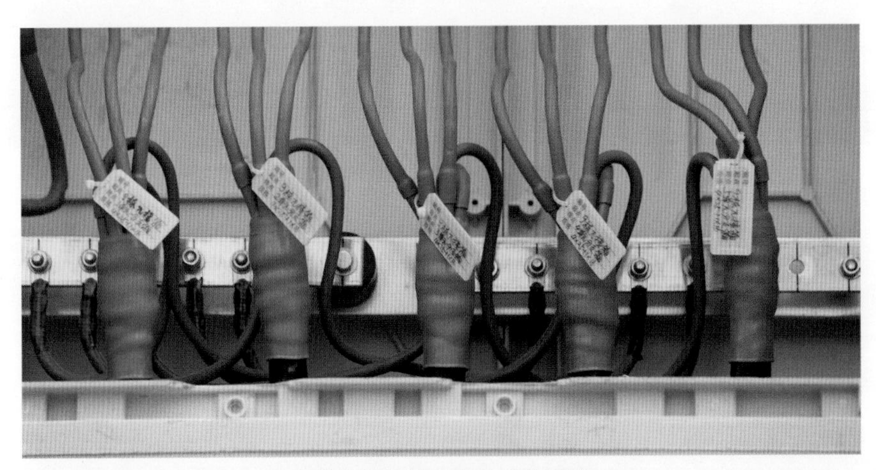

电缆头标识牌及安装工艺标准

路面电缆指示牌美观牢固

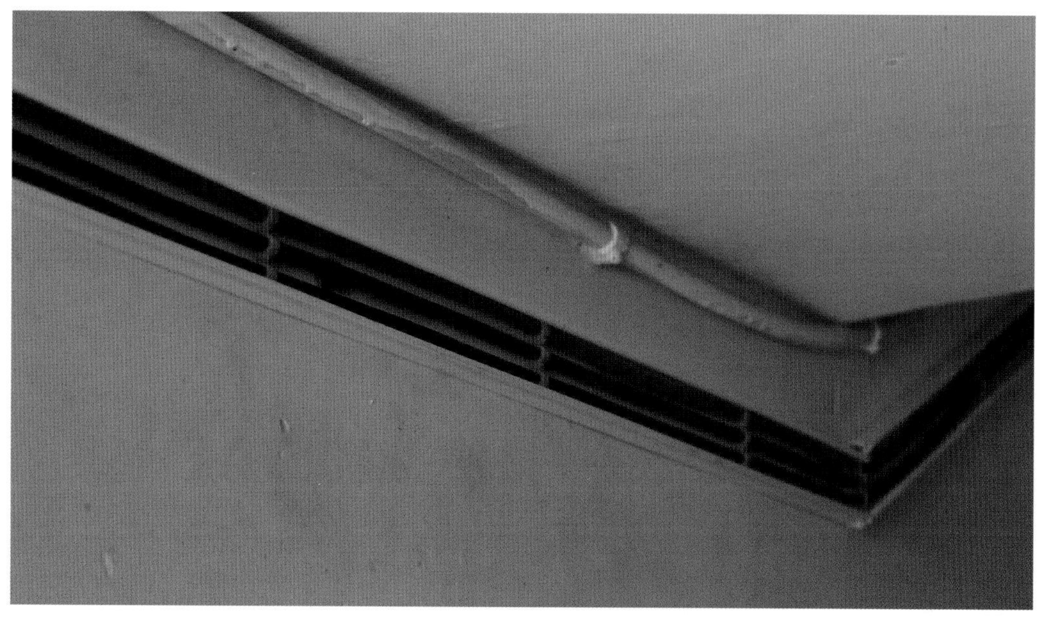

导线槽盒工艺规范美观

低压电缆分支箱安装牢固美观

十五、锡林郭勒电业局东乌珠穆沁供电分局乌里雅斯太镇金矿小区老旧计量改造工程

▶ 工程类别：老旧计量、城网

（一）项目概况

1. 规模及造价

新建0.4kV电缆线路0.53km；更换单相智能费控表117块，更换表箱26个；新建一进三出分线箱9台，一进五出分线箱1台，敷设电缆槽盒0.25km。决算投资54.23万元。

全景图

2. 建设工期

开工日期：2020 年 9 月 15 日。

竣工日期：2020 年 10 月 10 日。

施工周期：25 天。

3. 参建和责任单位

建设单位：锡林郭勒电业局东乌珠穆沁供电分局。

参建人员：吴伟权、马军、唐明、袁鸣飞、王爱斌、刘宗辉、陈华。

设计单位：内蒙古华达丰电力设计院有限公司。

施工单位：锡林郭勒电力建设有限责任公司。

（二）管理情况及亮点

（1）引入分支箱母排绝缘防护板新工艺。防护板采用透明塑钢玻璃制成，仅预留进出线单元开关孔位，箱内母线、接线端子等裸露节点均用此防护板阻挡遮盖。该工艺的推广使用，可直观看出线缆虚接、短路漏电等现象，在抢修过程中也可阻隔人员与带电体直接接触，从而有效防止发生人身伤害事故。

（2）创新使用拉链式绝缘电缆封堵热缩套。室外电缆保护管封堵采用拉链式热缩护套进行缩封，该方式封堵可有效防止雨雪渗透入管，且受气候影响较小，在保障电缆干燥、清洁的基础上，有效降低破损失效等现象。

（3）张贴蒙汉双语缴费指南及工程简介。制作蒙汉双语缴费指南二维码及工程简介二维码粘贴于楼道内表箱处，通过扫描二维码可直接观看缴费教学视频，视频使用双语讲解，满足不同客户需求。

（三）质量、工艺展示

楼道内走线槽盒安装标准美观

电缆分支箱加装透明塑料防护板

电表处进出线绝缘处理工艺标准

配电箱出线相序明确

电缆保护管固定牢靠美观

拉锁式热缩头封堵

集中表箱布线横平竖直

十六、巴彦淖尔电业局五原供电分局 955 复兴线赛丰七社老旧计量改造工程

▶ 工程类别：老旧计量、城网

（一）项目概况

1. 规模及造价

更换单相智能费控表 202 块，更换三相智能费控表 18 块，更换单相一位表箱 146 个，单相二位表箱 16 个，单相四表位表箱 6 个，三相动力表箱 18 个；新建 BS3-JKLYJ-2×16 集束导线 3.03km，ZC-YJLV22-0.6/1kV-4×35 低压电缆 2.02km。决算投资 21.32 万元。

全景图

2. 建设工期

开工日期：2020 年 9 月 10 日。

竣工日期：2020 年 9 月 15 日。

施工周期：6 天。

3. 参建和责任单位

建设单位：巴彦淖尔电业局五原供电分局。

参建人员：康海平、刘易、杨有滨、蔺永、王敬斌、郝海军、闫卓嵘、田敏杰。

设计单位：巴彦淖尔市科兴电力勘测设计有限责任公司。

施工单位：巴彦淖尔市康立电力安装有限责任公司。

（二）管理情况及亮点

（1）通过引入基于网格化运维的项目需求管理方法，在工程建设管理过程中做好“一图一表”项目需求工作。将工程建设管理对象有效划分为若干网格单元，各网格单元之间建立直接有效的信息交流渠道，达到最大限度整合资源、提高效率的工作管理目标。

（2）综合考虑配电网线路的网架结构，以优化辖区内配电网网架结构为目标，结合市政规划建设的用电需求，形成项目储备库，因地制宜，统筹安排年度配电网工程建设任务。同时，综合考虑低电压治理、过负荷治理、老旧计量改造等工作任务需求，与计划、生产、营销等部门协同作业，通过网格化项目需求，整合优势资源对区域网格内整条线路或整片台区的问题进行集中攻坚治理。

（三）质量、工艺展示

杆装电表进出线固定抱箍距离标准

低压终端杆相序分明，尾线回绑标准

杆装电表安装工艺标准美观

PVC 管底部设置滴水孔

表箱出线加装专用封堵装置

下户线固定点稳固美观

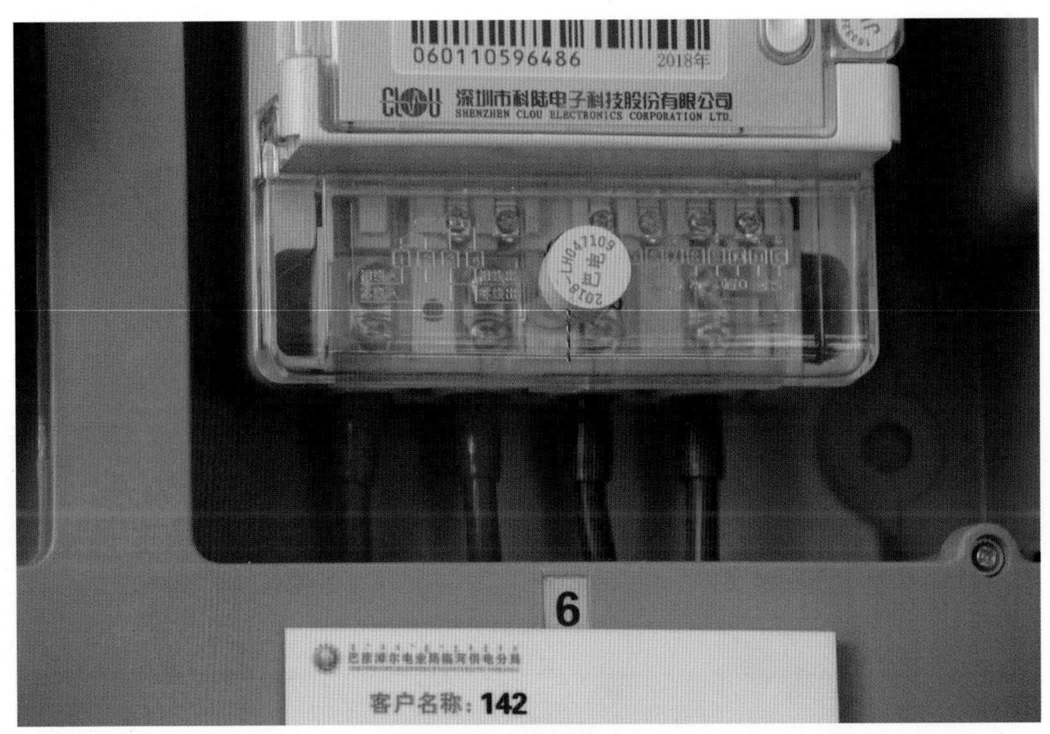

表计铅封及进出线绝缘化标准

拉线护套工艺标准外形美观